经济管理学术文库·管理类

语义Web技术与网络化制造

Semantic Web Technology and Networked Manufacturing

田雪莹　吉　锋／著

图书在版编目（CIP）数据

语义 Web 技术与网络化制造/田雪莹，吉锋著．—北京：经济管理出版社，2013.8
ISBN 978－7－5096－2594－1

Ⅰ．①语… Ⅱ．①田…②吉… Ⅲ．①语义网络②计算机网络—应用—制造工业
Ⅳ．①TP18②F416.4

中国版本图书馆 CIP 数据核字（2013）第 188581 号

组稿编辑：申桂萍
责任编辑：申桂萍　谢　进
责任印制：杨国强
责任校对：李玉敏

出版发行：经济管理出版社
（北京市海淀区北蜂窝 8 号中雅大厦 A 座 11 层　100038）
网　　址：www.E－mp.com.cn
电　　话：（010）51915602
印　　刷：北京京华虎彩印刷有限公司
经　　销：新华书店
开　　本：720mm × 1000mm/16
印　　张：12.75
字　　数：177 千字
版　　次：2013 年 9 月第 1 版　2013 年 9 月第 1 次印刷
书　　号：ISBN 978－7－5096－2594－1
定　　价：39.00 元

前　言

制造业是国民经济的支柱产业，是直接创造社会财富的基础，没有制造业的发展，就没有今天人类的现代物质文明。先进的制造业是高技术成果转化为生产力的载体，同时也是实现高技术产业化的桥梁，是技术创新的重点。

以网络化、信息化为标志的21世纪，将改变人类获取、处理、交流以及利用信息和知识的方式，推动人们的生产、生活方式以及社会结构发生变化。这些技术在制造领域中的广泛渗透、应用和衍生，也使得制造环境发生了根本性变化。变化引领变革。市场需求的快速变化和全球性经济竞争以及高新技术的迅猛发展，也进一步推动着制造业的深刻革命，极大地拓展了制造活动的深度和广度，促进制造业朝着自动化、智能化、集成化、网络化和全球化的方向发展。

制造全球化和制造网络化是现代制造业发展的主要趋势之一，也是当前制造领域的研究热点。网络化制造是在网络环境下对计算机集成制造、智能制造、敏捷制造等先进制造模式与技术的综合、深化与实现，并将随着各种先进制造技术和信息技术的发展而发展。网络化制造模式为制造全球化提供了强劲驱动及良好的运作平台，提高了企业对外交流与合作的能力，使得企业可在更为广阔的天地内，寻求市场机遇与合作伙伴，利用人才、知识、信息、技术、设备及其他资源，面向全球开展产品的设计、开发、制造、营销以及服务等活动。网络化制造将是21世纪制造业发展的主要方向，是实现社会资源充分、合理利用的重要途径。它为我国制造业的发展提供了新的思路，对加速我国工业现代化具有深远的战略意义。

未来飞机、发动机、汽车等产品的技术复杂性、质量和个性化要求会不断提高，而产品生产周期和上市时间在不断缩短，这为制造企业带来了有限的技术和资源同超出企业制造能力的订单和任务之间的矛盾。这种矛盾主要体现在两个方面：一是制造能力不能满足产品技术要求（如质量和精度）；二是制造能力不能满足产品的批量要求。针对独立制造企业资源和制造能力不足的问题，目前常用的解决思路主要有两种：一是采用传统的转包加工方式；二是基于 B2B 电子商务平台发现合适的合作伙伴并完成任务外包过程。网络化制造的一个关键问题是实现制造需求的快速获取、制造任务的高效实施和制造资源的合理配置，以上两种方式均难以满足当前网络化制造的要求。

为了实现网络制造环境下资源的有效共享与优化配置，本书对协同制造链的概念进行了重点阐述与研究。协同制造链是围绕零件制造过程的网络化制造动态联盟，是一种面向零件的网络化制造实现方式。协同制造链基于语义 Web 技术，采用面向服务的思想组织与封装企业制造资源、建模描述企业制造能力，并在此基础上实现基于语义的制造任务与服务的精确匹配，通过使用协同制造链构建与运行支撑平台提供的各种应用服务，能够很好地支持企业间合作制造，是解决企业资源和制造能力不足问题的一个有效方案。本书围绕协同制造链快速构建，对支持协同制造链快速构建的相关理论及其关键技术进行了深入研究。

本书的出版得到国防基础研究项目《敏捷化虚拟制造技术研究》（项目编号：K1800020502）和《制造执行系统》（项目编号：K1805030202）以及航空科学基金项目《基于网格的工作流驱动的

航空产品跨企业协同研制过程集成技术》（项目编号：04H53063）的共同资助，特此表示感谢！

本书撰写与修订的分工是：第一、二、三、四、七章由田雪莹负责；第五、六章由吉锋负责。本书在网络化制造、语义 Web 技术等领域进行有益探索的同时，难免存在许多不足和疏漏之处，恳请同行专家批评和指正！

作　者

2013 年 5 月于苏州

目　录

第一章　绪　论

第一节　研究背景

制造业是国民经济的支柱产业，是直接创造社会财富的基础，没有制造业的发展就没有今天人类的现代物质文明。先进的制造业是高技术成果转化为生产力的载体，同时也是实现高技术产业化的桥梁，是技术创新的重点。科技成果只有通过先进的制造业才能转化为生产力，物化为产品，它对高新技术的形成和未来经济的发展起着重要的作用。

20 世纪中叶以来，以微电子、自动化、计算机、通信、网络为代表的信息技术迅猛发展，掀起了以信息技术为核心的新科技革命浪潮。以网络化、信息化为标志的 21 世纪，将改变人类获取、处理、交流以及利用信息和知识的方式，推动人们的生产、生活方式以及社会结构发生变化。这些技术在制造领域中的广泛渗透、应用和衍生，也使得制造环境发生了根本性的变化[1]。当前，制造业正面临着全球性的市场、资源、技术和人才的竞争，开放的国际市场使得消费者面临更多的选择，个性化、多样化的消费需求又使得市场快速多变，不可捉摸，而各种新技术的涌现和应用则进一步加剧了市场的快速变化。

变化引领变革。市场需求的快速变化和全球性经济竞争以及高新技术的迅猛发展，也进一步推动着制造业的深刻革命，极大地拓展了制造活动的深度和广度，促进制造业朝着自动化、智能化、集成化、网络化和全球化的方向发展，各种先进制造理念不断涌现，如敏捷制造[2][3][4][5]、虚拟制造[6][7][8]、智能制造[9][10][11]、网络化制造[12][13][14][15][16]等。

在全球化浪潮的冲击和高速发展的高科技推动下，传统的组织结构相对固定、制造资源相对集中、以区域经济环境为主导、以面向产品为特征的制造模式已与之不相适应。制造企业的经营、生产战略与活动应面向全球，充分合理利用以信息技术为代表的高科技，建立和实现以网络化体系结构为基础的生产组织和管理模式，快速、灵活地组织和利用各种分布的、异构的制造资源。因此，21世纪的制造战略就是灵活地组织社会资源，快速响应市场需求。这就要求制造企业必须改变传统的制造模式，建立一种由市场需求驱动的、具有快速响应机制的网络化制造模式，提高企业对动态多变的市场需求做出快速响应的能力。

网络化制造是在网络环境下对计算机集成制造、智能制造、敏捷制造等先进制造模式与技术的综合、深化与实现，并将随着各种先进制造技术和信息技术的发展而发展[114][115]。作为近年来出现的崭新制造模式，有关网络化制造的基本定义、特征和技术等概念说法不尽统一，目前国际上还没有一个准确的定义。国家科技部关于网络化制造的定义为：网络化制造是按照敏捷制造的思想，采用互联网（Internet）技术，建立灵活有效、互惠互利的企业动态联盟，有效地实现研究、设计、生产和销售各种资源的重组，从而提高企业的市场快速响应和竞争能力的新模式[17]。其核心是利用网络，特别是互联网，跨越不同企业之间存在的空间差距，通过企业之间的信息集成、业务过程集成、资源集成与共享，对企业开展异地协同设计制造、网上营销、供应链管理等提供技术支撑环境和手段，实现产品商务的协同、产品设计的协同、产品制造的协同和供应链的协同，缩短产品的研制周期和研制费用，提高整个产业链和制造群体的竞争力。网络化制造的概念如图 1－1 所示。

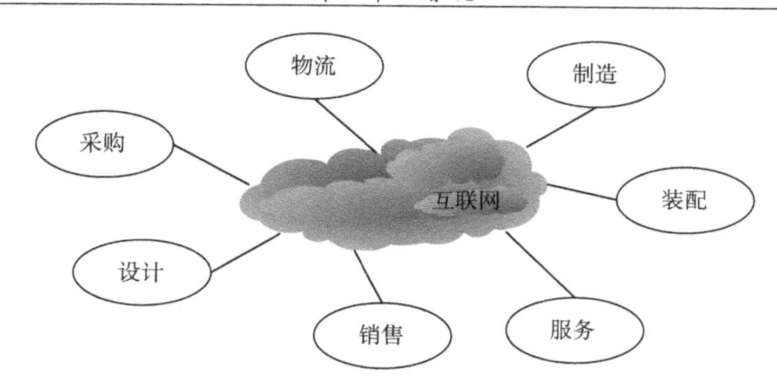

图1-1 网络化制造的概念

网络化制造模式为制造全球化提供了强劲驱动及良好的运作平台[112][113]，提高了企业对外交流与合作的能力，使得企业可在更为广阔的领域内，寻求市场机遇与合作伙伴，利用人才、知识、信息、技术、设备及其他资源，面向全球开展产品的设计、开发、制造、营销以及服务等活动。网络化制造将是21世纪制造业发展的主要方向，是实现社会资源充分、合理利用的重要途径。它为我国制造业的发展提供了新的思路，对加速我国工业现代化具有深远的战略意义。

综上所述，采用网络化制造这一全新的制造模式，改善管理，把企业的生产经营业务活动有效地融入到全球化的网络环境中将是制造企业发展的必然选择。目前，国内外专家学者对此开展了广泛而深入的理论研究与应用实践，并取得了卓越的成果，极大地推动了网络化制造技术的发展。但是，理论研究又具有时限性，必然要受到技术发展水平的约束与局限。随着信息技术的迅猛发展，新的技术与解决方案不断涌现，这也为网络化制造带来新的机遇与挑战，有必要用新知识、新技术不断完善网络化制造的理论与技术体系，为网络化制造注入新的活力，使网络化制造的研究能够跟上信息技术发展的步伐，不断向前发展。

当前，随着网络（Web）迅速地普及，基于Web的应用也由最初的简单应用延伸到种类日益繁多的复杂应用和计算，传统的

Web 体系结构已越来越不能满足新的发展需求。互联网技术的研究者正在研究新的技术来改变这种状况，而其中最令人瞩目的就是语义 Web（Semantic Web）技术[158][159][160]。语义 Web 的概念由 Tim Berners－Lee 于 1998 年首次提出。语义 Web 是对未来 Web 体系结构的一个伟大构想，被定义为"由一些可以被计算机直接或间接处理的数据组成的 Web"。语义 Web 的基本思想是扩展当前的 Web，通过本体（Ontology）和 Web 内容的语义标记，赋予 Web 中所有信息以定义良好的语义，让计算机能够理解和处理，从而使 Web 提供的服务实现一次质的飞跃，因此语义 Web 技术被誉为"下一代的 Web 技术"、"Web 技术的革命"等。语义 Web 研究的重点是如何把信息表示为计算机能够理解和处理的形式，即带有语义的形式。Tim Berners－Lee 在 XML2000 国际会议上提出了语义 Web 结构的设想[161][162]，认为语义 Web 是一个多层次结构，各层功能逐渐增强，下层向上层提供支持，其结构如图 1－2 所示。

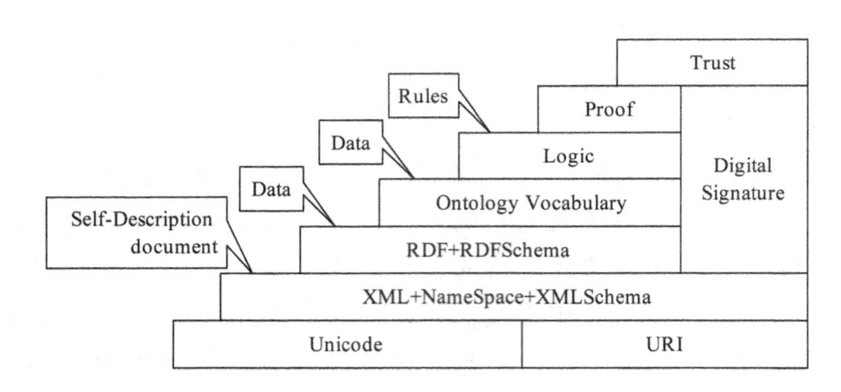

图 1－2　语义 Web 体系结构

语义 Web 技术所具有的计算机可理解、可处理等特征可以很好地解决当前网络化制造过程中资源与任务表达缺乏语义的问题，有助于实现网络制造环境下的资源快速优化配置。但是，目前关于语义 Web 技术的研究与应用还处于起步阶段，并且绝大多数都是一些面向非工程领域的、较为简单的应用。基于此，本书探索将语义Web技术应用于网络化制造领域的研究中，结合零件的异地协同制造过程，提出和研究一种面向零件的网络化制造实现方式——协同制造链。

第二节 本书研究问题的界定

图1－3表明了本书研究问题的确定思路与确定过程。未来飞机、发动机、汽车等产品的技术复杂性、质量和个性化要求会不断提高，而产品生产周期和上市时间在不断缩短，这为制造企业带来有限的技术和资源同超出企业制造能力的订单和任务之间的矛盾。这种矛盾主要体现在两个方面：一是制造能力不能满足产品技术的要求（如质量和精度），二是制造能力不能满足产品的批量要求。传统的扩大加工车间面积，购买更多的先进设备等形式的刚性手段已经不能适应新的形势，制造企业必须充分组织、协调和利用分布在其他企业中的人力、设备和技术等资源以快速生产出市场所需的产品。

针对独立制造企业资源和制造能力不足的问题，目前常用的解决思路主要有：①采用传统的转包加工方式。在该模式下，企业寻找外协加工和合作伙伴时，主要通过先验知识加上熟人介绍等途径获取信息，在得到有关信息后再派人到各处去了解其可行性，并进行谈判协商。这是一种比较落后的、传统的方式，效率低、费用高，而且得不到充分的信息，大大影响外协单位的选择，已不适应网络经济时代的需求。②基于B2B电子商务平台发现合适的合作伙伴并完成任务外包过程，但是目前B2B电子商务平台主要面向中小企业提供供求信息，对企业制造能力信息描述不够，并且仅提供基于关键词的搜索，因此企业很难准确搜索到合适的合作伙伴，而且通常不提供进一步的合作管理功能，因而也无法有效解决该问题。

本书针对企业间零件转包加工的实际需求，通过分析复杂零件

需求

复杂零件的特点

- 结构复杂
- 工艺设计、数控编程周期长
- 加工精度高，加工难度大
- 所需设备类型多，刀具、工装复杂
- 加工余量大、加工周期长

企业面临的问题

- 产品复杂，生产组织、管理困难
- 现有制造能力无法满足技术要求
- 现有制造能力无法满足批量要求

外部环境

- 经济全球化、竞争国际化
- 客户需求个性化、多样化
- 市场快速多变
- 小批量、多品种的生产方式

传统刚性手段（扩大车间、购买设备等）已不能适应新形势

解决方案

方案一：传统转包加工 ✗

特点：
- 目标：利用外部资源完成内部加工活动
- 实施过程：经历转包分析、承包商选择、合同执行、合同结束
- 组织结构：项目组
- 伙伴选择范围：有限范围
- 伙伴选择准确性：基于先验知识和熟人模型选择，高
- 管理手段：人工管理、协调
- 信息技术的作用：整个过程由人工完成，信息技术所起作用有限
- 集成机制：无
- 响应速度：全过程由人工完成，慢

结论：

实施过程完全由人工完成，响应速度慢，已不适应网络经济时代的需求

方案二：基于B2B电子商务平台 ✗

特点：
- 目标：利用外部资源快速响应市场，组织生产
- 实施过程：经历转包分析、供应商选择、合同执行、合同结束
- 组织结构：松散耦合的供应链
- 伙伴选择范围：广域网络范围
- 伙伴选择准确性：基于关键字搜索，无法全面反映任务要求，差
- 管理手段：平台仅提供伙伴发现功能，具体实施过程仍由人工管理、协调
- 信息技术的作用：基于传统Web技术，主要用于供求信息发布与搜索，不支持精确发现，不支持具体合作过程
- 集成机制：部分提供与企业ERP、SCM的集成，不提供伙伴之间的集成
- 响应速度：较快

结论：

主要面向中小企业提供供求信息，不能有效支持零件分散网络化制造过程

方案三：协同制造链 ✓

特点：
- 目标：利用外部资源快速响应市场，组织生产
- 实施过程：任务分解与描述、伙伴发现与匹配、协同制造链生成、合同执行、协同制造链解体
- 组织结构：紧耦合的制造企业链
- 伙伴选择范围：广域网络范围
- 伙伴选择准确性：基于语义搜索，可以全面反映任务要求，较高
- 管理手段：基于网络化制造平台提供的各种应用服务工具进行管理
- 信息技术的作用：基于语义Web技术提供伙伴的精确发现以及对合作过程的有效支持
- 集成机制：面向服务的方式实现网络化制造平台、企业以及企业之间的全面集成（资源、信息、过程）
- 响应速度：快

结论：

可以有效支持零件分散网络化制造过程，因此需要深入研究协同制造链的相关理论、方法及关键技术

图 1－3　本书研究问题的定位

的异地协同制造过程，提出了“协同制造链”的概念。本书将不同制造企业在基于网络的协作制造环境下围绕零件制造过程所形成的网络化制造动态联盟组织称为“协同制造链”，协同制造链特点如图1－3所述。协同制造链基于语义 Web 技术，采用面向服务的思想组织与封装企业制造资源、建模描述企业制造能力，并在此基础上实现基于语义的制造任务与服务的精确匹配，通过使用协同制造链构建与运行支撑平台提供的各种应用服务能够很好地支持企业间合作制造，是解决企业资源和制造能力不足问题的一个有效方案。因此，本书研究问题的定位是：针对企业间零件转包加工的实际需

求，以网络化制造相关理论、技术研究为基础，研究支持协同制造链快速构建的相关理论、方法和关键技术，实现围绕零件制造过程的异地资源快速优化配置。

第三节 国内外相关研究现状

一、网络化制造基础理论和方法研究

网络化制造基础理论和方法是本书研究的基础，自从网络化制造的概念出现以来，网络化制造已成为各国研究先进制造技术以及21世纪制造模式的热门课题。随着信息技术的快速发展，网络化制造的研究与应用也步入了迅猛发展的新时期，下面列举国内外现有关于网络化制造的研究项目及现状。

20世纪90年代初，美国里海大学在研究和总结美国制造业的现状和发展潜力后，发表了具有划时代意义的报告《美国21世纪制造企业战略》，该报告提出了美国企业网（Factory American Net，FAN）的计划[121]。该计划旨在通过发达的高速信息网络把美国的制造业联系在一起，这意味着联网的美国企业类似一个大的虚拟企业，大大提高了资源的共享程度和制造的敏捷性。麻省理工学院的NGM（Next Generation Manufacturing）报告[123][124][125]指出："基于NGM的公司是具有扩展性的全球企业的一部分，全球企业是通过共享信息、知识和资源，能协同生产产品和提供服务的一组机构；制造活动正在被优化为一个整体，用集成的、互操作的信息系统保证正确的信息在正确的时间传送到正确的地方。"在该项目中，网络化制造的概念和服务机制的重要性得到了充分的体现。1997年，美国国际制造企业研究所发表了《美俄虚拟企业网》（Russian－American Virtual Enterprise Network，RA-VEN）研究报告[112]。该项目是美国国家科学基金研究项目，目的是开发一个跨国虚拟企业网的原型，使美国制造厂商能够利用俄罗斯制造业的能力，并起到全球制造的示范作用。制造系统的敏捷基础设施（Agile Infrastructure for Manufacturing System，AIMS）项目[18][19]由美国国防部高级研究计划局 ARPA 资助，洛克希德·马丁公司领导，它旨在研究一个将国防和民用工业两个工业体系联合在一起，组成一个统一的敏捷制造系统的信息基础框架，提供一个标准的通过局域网或互联网获取各种敏捷制造服务的方法。美国能源部的 TEAM 项目[122]希望通过一个集成框架，柔性地使用先进制造技术来达到制造企业的敏捷化和全球化目标，使美国企业的国际竞争力得以增强。在 TEAM 项目中，基于 Agent 的集成框架和网络化制造系统是贯穿整个项目的两个重点环节。美国通用电气公司项目计算机辅助制造网络（CAM-Net）[126]的目标是通过互联网提供多种制造支撑服务，建立敏捷制造支撑环境，使参加产品开发与制造的合作伙伴能够在网络上协调工作，摆脱距离、时间、计算机平台和工具的影响，获取重要的设计和制造信息。在该项目中，网络化制造服务的精髓得到充分体现。美国加州大学伯克利分校集成制造实验室 CyberCut 项目的主要目标是开发能在互联网上快速进行产品设计和制造的网络化制造基础环境[127][128]。该项目在调研传统 CAD/CAM 工具功能的基础上，提出采用 Java 方案与网络化开放式 CNC 控制结构相结合的方法构造基于 Web 的网络化制造 CAD/CAM/CAPP 集成环境。欧盟以及日、韩等国家与组织也纷纷对网络化制造技术进行了研究。欧盟公布的“第五框架计划（1998～2002）”将网络化虚拟企业列入研究主题，其目标是为欧盟各个国家的企业提供资源服务和共享的统一基础平台[129]。同时，在此基础上所公布的“第六框架计划（2002～2006）”的一个主要目标就是进一步研究利用互联网技术改善欧盟各个分散实体之间的集成和协作机制[130]。

国外网络化制造技术的飞速发展，以及随之而来的巨大收益引起了我国学术界、工业界和国家政府部门的高度重视。在国家的支持下，我国专家、学者及业内相关人士在网络化制造领域开展了大量卓有成效的研究。同济大学张曙教授与香港理工大学李荣彬教授联合提出了“分散网络化制造系统”（Dispersed Networked Production System，DNPS）[133][134][135]的概念。分散网络化制造系统是实现企业多种柔性和敏捷性的一种新的全球制造概念和模式，它将分散在不同地区的现有生产设备资源、智力资源和各种核心能力，迅速组合成没有围墙、超越空间约束的、靠电子手段联系的、统一指挥的经营实体——网络化联盟企业，以便快速推出高质量、低成本的新产品。清华大学范玉顺教授对网络化制造的定义和内涵进行了规范和界定，并从总体技术、基础技术、集成技术和应用实施技术四个层面对使能网络化制造的关键技术进行了辨识[136][137]。华中科技大学杨叔子院士提出了基于 Agent 的网络化智能制造系统以及网络化敏捷制造单元等概念[139][140][141]，并研究了 CORBA 规范在网络化制造中的应用，其基本目标是将现有各地域上分布的异构制造系统，利用分布式对象技术和多 Agent 技术连接起来，以提升整个制造系统的能力。熊有伦院士则基于互联网技术，构建出了支持产品制造的协同支持框架，并对支撑其运作的若干关键技术进行了阐述和研究，最终提出了一种基于 Agent 的物理实现方案[142]。重庆大学刘飞教授对网络化制造的定义、内涵、特征、体系进行了描述，在此基础上，归纳出了支撑网络化制造的技术体系，包括基础支撑技术、信息协议与分布式计算技术、基于网络的信息集成技术、基于网络的管理技术群、基于网络的产品开发技术群和基于网络的制造过程技术群，提出并构建了一个网络化制造平台[143][144][145]，并以“陶瓷产品网络化制造与销售示范系统研究”项目为依托对区域性网络化制造进行了实验性研究[146][147][148][149][150]。浙江大学顾新建教授和祁国宁教授从网络化制造的实施战略和方法以及发展趋势方面对网络化制造进行了阐述，并对网络化制造范式、网络化制造导航台以及网络化制造的仿生学、经济学等理论进行了研究与论证，指出了网络化制造模式在 21 世纪制造业中的重要地位[153][154][155][156]。

国内外在此领域的研究还有很多，此处不再一一罗列，这些研究成果为网络化制造的研究及其系统的构建与实施奠定了坚实的基础，并为进一步推动网络化制造产业化积累了经验。但是，由于网络化制造自身的复杂性以及多企业参与性等特点，目前国内外的研究大多仍集中在对网络化制造的理论、方法、技术的探讨上，系统应用方面尚处于理论研究与应用示范初始阶段。如前文所述，网络化制造涵盖了设计、采购、制造、销售、物流、服务等各个方面。不同的制造领域、不同的业务活动、不同的产品粒度划分（如整机、部件、零件等），网络化制造的具体实现过程存在许多不同之处，其实现方式必然呈现多样化。因而需要针对不同情况，对网络化制造所可能具有的具体实现方式进行进一步深入研究。

此外，按照过程的观点，网络化制造涉及的主要问题包括任务描述、任务分解、协作企业选择、任务执行和过程管理与控制等几个步骤[20][21]。本质上可以看作一组相关的任务在多个企业的资源之间的分配和执行。而现有研究项目重点考虑了网络化制造系统的组成和形式，没有充分考虑网络化制造系统实际运行过程的需求，企业很难基于现有网络化制造系统建立过程模型，实现任务的调度、监控与过程的自动化。

二、网络制造环境下资源优化配置技术研究

网络化制造的基础是资源或制造能力，企业间资源集成、共享与优化配置是网络化制造研究与应用的主要切入点。下面从资源建模以及资源优化配置技术两个方面阐述该领域的研究现状。

（一）资源建模研究

网络化制造模式的第一步是要能够实现针对合作伙伴的制造能力评价，以合理选择和配置设备、技术、人员、知识等资源，而资源建模则是实现该步骤的前提。在资源建模研究方面，国外学者如Feng[111]建立了制造资源约束模型；K. Torsten[115]建立了基于STEP的制造资源信息模型；J. X. Gao[116]建立了产品和制造能力模型框架；K. Case[117]建立了工艺能力模型等。我国学者如张大勇[118]提出

了 UML（Unified Modeling Language）和 XML 相结合的敏捷虚拟企业资源建模方法，其研究思路是利用 UML 实现企业资源面向用户的图形表示，同时基于 XML 技术实现资源的底层数据模型。其研究指出了企业资源模型应囊括的内容（资源分类、资源的组织、产品结构、物流等），最后给出了敏捷虚拟企业资源模型文档 DTD。张玉云[81]参照 STEP 产品信息建模的思想，研究了面向对象的制造资源建模，对制造资源从物理、过程、功能、状态四个方面进行描述，对于资源的组织则从工厂、车间、单元、工作站和设备五个层次进行描述。盛步云[119]研究了广义制造资源和狭义制造资源的内涵，提出从资源全生命周期的角度分析广义制造资源，同时给出了制造资源的层次模型，并运用面向对象的方法从静态属性和动态属性两方面对制造资源进行建模。李双跃[120]提出了面向 CAPP 的工艺制造资源模型，从制造资源材料、工艺参数、工艺装备、工艺知识以及机床四个方面对制造资源进行描述，并运用面向对象的思想对制造资源进行建模，同时探讨了工艺制造资源模型向数据表的转换。姚倡锋[131]提出了基于物理制造单元的网络化制造资源建模方法，该方法针对生产制造过程中各个应用环节对制造资源的需求，利用面向对象方法从基本信息、制造能力信息、物理构成、状态信息和工装信息五方面对物理制造单元进行了建模研究。

分析上述国内外已有研究可以发现，现有研究大多采用面向对象的方法对离散的个体制造资源进行定性建模描述，信息的复杂度高、描述深度不够，而且大多仅反映资源自身能力，对于由多种资源构成的企业制造能力表达比较欠缺。对于网络化制造来说，如果直接基于各企业内部离散的个体制造资源进行优化配置，将会使网络化制造的实施变得非常复杂、难于协调和标准化。当前，随着网格计算技术和 Web 服务[178][179]技术的发展，面向服务的架构（Services – Oriented Architecture，SOA）将成为网络化制造系统的主要架构。因为资源可以封装为服务，企业可以通过利用外部服务的方式实现对外部资源的有效利用[132]。因此，如何基于面向服务的方式实现异地资源的建模描述与有效组织，使各服务提供者通过网络化制造平台快速地将自身核心能力资源以服务的形式发布到全球环境中将是未来网络化制造研究的重要课题。

（二）网络制造环境下的资源优化配置技术研究

网络制造环境下，资源优化配置所要解决问题的实质就是资源或合作伙伴的快速搜索和选择，该过程包括资源发现与合作伙伴优化选择两个步骤。目前，该领域的研究主要侧重于网络环境下合作伙伴的选择以及工艺设计和生产计划调度过程中的制造资源配置和评估。常用的方法包括：层次分析法（Analytic Hierarchy Process，AHP）、模糊综合评价法、模糊优选法、神经网络法、时序多目标决策方法、模糊层次分析法、数据包络法、整数规划法以及遗传算法等。如 P. Gutpa 和 Ioannis Minis 介绍了透过产品可制造性评价在分布式制造环境下进行合作伙伴选择的方法[138][151]；Kasilingam[152]运用混合整数规划法进行研究，分析了单一产品在追求总成本最低时的伙伴选择问题；Hinkle[157]运用聚类分析法选择合作伙伴；Barbarosoglu G. 和 T. Yazgac[163]运用层次分析法对土耳其的几家摩托车合作伙伴进行选择；Weber 和 Ellram[164]运用多目标规划法进行供应商选择研究；Petroni 和 Braglia[165]运用主成分分析法来对合作伙伴业绩进行多指标综合评价；Siying[166]运用神经网络法研究合作伙伴的选择；伍乃骐[190]研究了虚拟企业中合作伙伴的选择问题，主要考虑各个合作伙伴之间的在制品运输费用规划，以其作为定量评价的指标，确定合作伙伴的选择，并提出了基于图论的合作伙伴选择算法；张佶[191]将层次分析法与线性规划相结合来优化分配方案；霍佳震[192]分别从供应链整体、核心企业、供应商及分销商四个角度研究了它们的绩效以及评价体系；马永军[193]提出了采用 AHP 来选择合作伙伴；马鹏举[194]提出采用模糊层次分析法（F-AHP）进行合作伙伴选择。

资源发现问题实际上就是制造需求与制造能力或资源之间的匹配选择问题，即任务—企业匹配问题。目前，国内外关于如何实现任务与企业能力精确匹配的研究报道并不多见。国外如 PTC 的

Windchill[22]、IBM 的 e - Portal[23]产品中都有强大的面向协作制造的搜索引擎，但基于商业原因，都未报道具体的模型和算法。国内如马朝辉、何汉武等[195]提出了基于制造特征的协作任务描述框架，但是在具体进行资源发现与匹配时，采用的是基于模板的任务描述形式，任务描述缺乏语义信息，资源配置系统灵活性较差。现有制造信息网站、电子商务网站则普遍缺乏对制造任务进行明确定义，在解决任务—企业匹配问题时通常基于简单的关键词进行定性搜索，如著名的 B2B 网站阿里巴巴（www. alibaba. com）目前仅提供基于关键词的加工制造服务信息搜索。该方法对任务信息描述过于简单，返回结果包含大量无用的信息，需要花费大量时间进行人工筛选。

由于现有研究主要集中在合作伙伴的选择与评估上，因此针对网络制造环境下的资源优化配置问题，需要在现有合作伙伴选择与评估研究的基础上，进一步研究制造任务的描述框架模型，以及与具体合作需求相对应的资源发现、匹配问题求解方法。

三、语义 Web 技术应用研究现状

在语义 Web 的发展过程中，除了 W3C 的语义 Web 成员之外，世界各地的研究机构和科研人员都在密切关注着它的发展，从理论到实践、从标准到规范，都在做着不懈的努力。其中，语义 Web 标记语言、语义 Web 服务模型以及基于语义的 Web 服务发现技术与本书研究直接相关，下面分别对其研究现状进行阐述。

（一）语义 Web 标记语言

目前，国内外在语义 Web 标记语言方面的研究主要有：SHOE（Simple HTML Ontology Extension）[60][167][168][169]是美国 Maryland 大学 James Hendler 教授和他的学生们从 1995 年开始研究和开发的第一个实际意义上的基于本体的语义 Web 标记语言和原型系统，从 Web 的语义标记语言到语义 Web 的爬行机器人再到基于语义的搜

索引擎，都有一个完整的展示。SHOE 的语法基于 HTML，语义基于 Horn 逻辑。德国 Karlsruhe 大学 AIFB 研究所的 Ontobroker[170] 是基于 HTML 语法和框架逻辑（Frame - logic）的语义 Web 语言。它在很多方面与 SHOE 有相似之处，整个系统包括本体的定义语言、Web 的标记语言、爬行机器人、推理机和查询接口。欧共体的 On - To - Knowledge 项目[171] 资助开发的 OIL（Ontology Interchange Language）[172][173][174] 也是一种在 Web 上描述本体的语言。OIL 通过扩展 RDFS 标准来克服 RDFS 的限制，是在 RDFS 层之上增加定义的一层，基于描述逻辑（Description Logic）以提供形式化的语义和推理功能。美国 DARPA 资助的 DAML（DARPA Agent Markup Language）[175][176][177] 项目的主要研究活动有：制定该标记语言的规范；研究和开发知识标记工具；构造能理解 DAML 的多 Agent 系统等。早期的 DAML 语言规范版本称为 DAML - ONT。后来吸收了 SHOE、OIL 等其他一些标记方法的特性而定义了一个统一的 Web 本体语言框架，由于后期 DAML 更多地和 OIL 保持了一致性，因此后来的版本称为 DAML + OIL。为了推出 Web 本体语言的标准，W3C OWL（Ontology Web Language）工作组在 DAML + OIL 的基础上进行了一定的改进，2003 年 7 月 W3C 公布了 OWL 语言的最初工作草案。2004 年 2 月 10 日，OWL 正式成为 W3C 推荐的标准[68]。DAML + OIL 和 OWL 都建立在 RDF（Resource Description Framework）[63] 和 RDFS[64] 之上，基于描述逻辑以提供形式化的语义和推理功能，从而为语义 Web 提供了本体层。本体层的研究已经比较成熟，但在其之上的逻辑规则层还没有出现成熟的语言。因此，目前语义 Web 语言所能表达的语义仅限于描述逻辑，还不能表达一般形式的规则。

（二）语义 Web 服务

语义 Web 的研究不仅使 Web 由信息的海洋变为知识的海洋，也为 Web 服务带来了新的活力。如果用语义 Web 的知识标记手段来描述服务的语义，将使得 Web 服务成为计算机可以理解的实体，从而支持服务的自动发现、执行和组合等。结合语义 Web 技术的 Web 服务即为语义 Web 服务，将是一种更为智能的服务，是 Web 服务未来的发展趋势[180][181][182][183]，如图 1－4 所示。

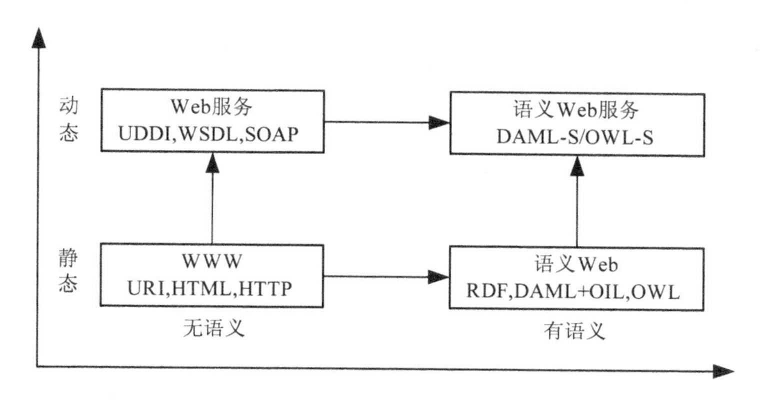

图 1－4　语义 Web 服务是 Web 服务的未来发展趋势

目前，国内外在语义 Web 服务方面的研究主要有：DAML 框架下的 DAML－S（DAML－Service）[184]是国际上语义 Web 服务描述模型方面的主要研究成果，它是由 BBN Technologies、Nokia、SRI International、CMU、Stanford、Yale 等联合定义的一种描述 Web 服务的标记模型，为提供机器可解释的、精确的、关于 Web 服务属性和能力的描述而制定了一系列标记符。它基于 DAML 语言，为描述 Web 服务定义了一个本体，主要通过 ServiceProfile、ServiceModel 和 ServiceGrounding 三类来描述服务做什么、如何做以及如何访问三方面的语义，从而允许服务的自动发现、执行、组合和运行的监视。随着 OWL 成为 W3C 推荐的 Web 本体语言标准，DAML－S 也相应地演化为 OWL－S[69]。OWL－S 是基于 OWL 语言的 Web 服务本体，因此它具有定义良好的语义，可以根据对象和它们之间的复杂关系来定义 Web 服务的词汇表，并可以包含 XML 的数据类型信息。OWL－S 与当前的 Web 服务标准 UDDI、WSDL 等结合可以较好地支持未来的语义 Web 服务[185]。

（三）基于语义的 Web 服务发现技术

基于语义的 Web 服务发现和匹配是当前语义 Web 技术领域的另一个研究热点。由于语义 Web 服务的描述基于本体展开，是计算机能够理解的形式，因此服务的查找可以是基于语义的匹配，其实质性地提高了网上搜索引擎的检索速度、检索效率，真正意义上实现了“从搜索到发现”的“Web 革命”。有关基于语义的 Web 服务发现和匹配技术相关研究现状，将在本书第四章进行详细介绍。

第四节　本书拟解决的主要问题

网络化制造的一个关键问题是实现制造需求的快速获取、制造任务的高效实施和制造资源的合理配置。从上文对国内外相关研究现状的分析可知，要解决该问题还需进一步开展以下研究：①网络化制造的具体实现方式，即针对不同合作需求，企业以何种方式组织和配置异地资源，开展网络化制造应用；②针对不同合作需求的制造资源聚合、封装与建模描述技术；③面向网络化制造的制造需求或制造任务建模描述技术；④网络环境下的资源精确发现与匹配技术；⑤网络制造环境下的制造任务调度与过程管理技术；⑥网络制造环境下的任务执行监控技术等。本书不可能对上述内容一一进行深入研究，仅针对下列问题进行重点研究：

一、网络化制造的具体实现方式

网络化制造的实现方式与企业间的合作形式、合作需求密切相关。对于采用网络化制造模式实现企业间的零件转包加工，现有研究项目关注较少，而目前 B2B 电子商务平台仅提供简单的供求信息搜索与发现，缺乏对制造任务的明确定义以及对制造能力的有效描述，更不提供进一步的合作支持功能。针对该问题，本书通过分析零件的异地协同制造过程，提出一种面向零件的网络化制造实现方式——协同制造链，并选取“协同制造链快速构建”为主要研究方向，通过建立基于语义 Web 技术的协同制造链构建与运行支撑平台，研究基于协同制造链的异地资源共享与优化配置。

二、面向网络化制造的制造资源聚合、封装与建模描述

企业间合作形式的多样性决定了企业必须以不同粒度聚合自身资源参与网络化制造。现有资源建模研究大多面向工艺、生产与企业管理层面，对面向网络化制造的制造资源聚合、封装与建模描述考虑不够，无法有效表达由多种资源构成的企业制造能力，不利于网络制造环境下资源优化配置的实现。针对该问题，本书提出采用面向服务的思想将企业内部的资源进行聚合、封装成制造服务，围绕零件制造过程对制造服务进行合理组合，实现企业间资源的优化配置与制造能力的集成；并且进一步通过建立基于语义 Web 技术的制造本体，研究基于本体论的制造服务建模与语义化描述，以解决资源能力的语义表达问题。

三、面向网络化制造的制造任务建模描述

对于面向网络化制造的制造任务建模，现有研究大多采用表格形式或模板形式描述制造任务，任务描述深度不够、描述灵活性差，无法有效支持基于制造任务的资源精确发现与匹配。针对该问题，围绕协同制造链的快速构建，本书研究制造任务描述模型以及基于本体论的制造任务建模与语义化描述，为实现基于语义的制造任务与制造服务精确匹配奠定基础。

四、资源发现与优化选择

现有研究多侧重于网络环境下合作伙伴的优化选择，对于资源发现问题考虑较少。而国内外已有的一些专业制造信息网站和电子商务网站仅支持基于关键词的简单的企业搜索和发现，无法针对制造任务实现资源的精确发现与匹配。把资源发现从目前基于关键词的层面提高到基于语义（或概念）的层面，是解决该问题的根本和关键。基于此，本书在制造任务与制造服务语义化建模描述的基础上，进一步研究基于制造能力约束的制造任务与制造服务的语义匹配以及制造服务的优化选择。

第五节　本书主要研究内容

本书以某型号航空发动机关键零件异地协同制造过程为具体应用研究对象，重点研究了支持协同制造链快速构建的若干关键技术，具体研究内容如下：

一、协同制造链及其支撑平台研究

研究网络化制造动态联盟的分类，在此基础上对协同制造链的概念进行界定；研究协同制造链的形式化描述方法及其建模原理，并结合某型号航空发动机关键零件进行协同制造链构建过程分析，建立协同制造链构建过程中相关概念的形式化描述模型；在此基础上，进一步对协同制造链的运行模式及其构建与运行支撑平台——网络化敏捷制造平台进行研究。

二、协同制造任务及制造服务建模与语义描述研究

针对制造类任务的描述问题，研究基于制造特征的协同制造任务描述模型；针对基于 Web 的企业制造能力的描述与发布问题，提出“协同制造单元”的概念，研究基于协同制造单元的制造服务描述模型；针对协同制造任务及制造服务的语义描述问题，提出“网络协同制造本体”的概念，研究网络协同制造本体的内部结构以及基于网络协同制造本体的协同制造任务与制造服务语义描述。

三、基于能力约束的制造服务发现与匹配研究

在协同制造链构建过程中，如何基于协同制造任务的制造能力发现恰当的制造服务是极其关键的一步。针对这一问题，研究描述该问题的数学模型；研究制造服务发现与匹配的基础环境——制造服务匹配引擎的体系结构及其工作过程；在此基础上，进一步研究匹配引擎的核心算法——基于能力约束的制造服务匹配算法，以实现快速、高效、准确的制造服务发现与匹配。

四、协同制造链生成与优化技术研究

协同制造链的最终生成，除了需要经过制造服务发现与匹配过程外，还需完成制造服务的优化选择与排序。针对制造服务优化选择问题，需要建立该问题的数学描述模型以及制造服务评价指标体系，研究制造服务的评价策略和相关实现算法；对于制造服务排序问题，同样需要建立其数学描述模型，研究制造服务排序策略及其实现算法。

五、协同制造链构建支持系统

协同制造链构建支持系统是网络化敏捷制造平台的重要组成部分。结合某型号航空发动机关键零件异地协同制造实例，研究协同制造链构建支持系统的设计与实现。

第六节　各章内容安排

本书主要研究内容分为正文和附录两部分，具体安排如图 1－5 所示：

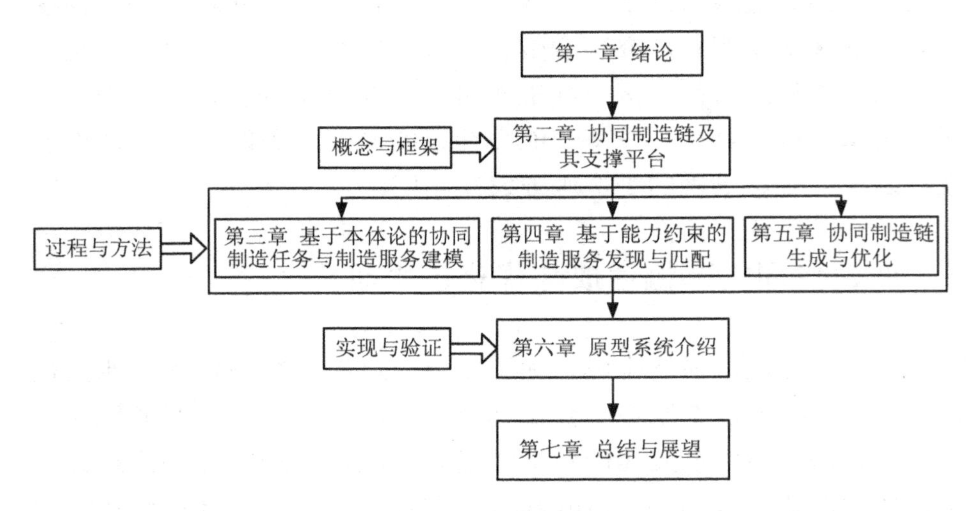

图 1－5　本书的逻辑结构

第一章：绪论。介绍本书的研究背景、相关研究领域现状、拟解决的主要问题以及主要研究内容等。

第二章：协同制造链及其支撑平台。给出了协同制造链的定义，分析了协同制造链的构建与运行过程，对其构建过程中的相关概念进行了形式化描述，并在此基础上对协同制造链的构建与运行支撑平台进行了详细研究。

第三章：基于本体论的协同制造任务与制造服务建模。针对协同制造任务及制造服务的建模与语义描述问题，在制造特征及协同制造单元研究的基础上建立了相应的协同制造任务与制造服务描述模型，并通过扩展 OWL－S 本体建立了网络协同制造本体，给出了基于网络协同制造本体的协同制造任务与制造服务语义描述实例。

第四章：基于能力约束的制造服务发现与匹配。对制造服务发现问题进行了分析与形式化定义，论述了制造服务发现的基本要求，在此基础上设计了一个制造服务匹配引擎，并通过引入制造服务匹配度与语义相似度计算，设计了一个基于能力约束的制造服务匹配算法。

第五章：协同制造链生成与优化。剖析了制造服务优化选择问题，建立了制造服务综合评价指标体系，在此基础上研究了模糊层次分析法与分枝隐枚举法相结合的制造服务评价策略；针对制造服务排序问题，提出了基于生物群体智能的制造服务排序策略，设计了其实现算法——蚂蚁算法。

第六章：原型系统介绍。结合作者所做课题和工程项目，开发了一个原型系统，介绍了原型系统的实现架构、主要功能与运行实例，论述了主要特点。

第七章：总结与展望。总结了本书在理论、技术与实现方法上的主要结论与创新点，并给出了进一步研究和改进的方向。

第二章　协同制造链及其支撑平台

协作是未来的价值，联盟是未来的企业结构[24]。随着产品和制造过程复杂度的提高，单个企业越来越难以承受新产品开发和制造所需的庞大知识、技能和设备，仅靠单个企业的自身力量越来越难以对付瞬息万变的全球市场。作为企业动态联盟在网络化制造中的具体应用，网络化制造动态联盟[25]已成为未来制造业发展的重要方向。协同制造链是围绕零件制造过程的网络化制造动态联盟，是一种面向零件的网络化制造实现方式。

本章首先对协同制造链的概念进行了界定，同时结合某型号航空发动机关键零件着重论述了协同制造链的构建过程，并对其构建过程中产生的相关概念进行了建模与形式化描述，最后对协同制造链构建与运行支撑平台——网络化敏捷制造平台进行了研究，提出了平台的体系结构与总体方案。

第一节　协同制造链概念及其特征

一、网络化制造动态联盟及其分类

当前，以互联网为代表的网络技术正在使制造业发生深刻的变化，企业动态联盟正向着网络化制造动态联盟方向发展。按照网络化制造模式运作的经济实体，称之为网络化制造动态联盟。网络化制造动态联盟是网络化制造提出的一个重要概念，是网络化制造的基本组织结构形式[25]。如第一章所述，未来的竞争环境将发生重大变化。企业的竞争对手将不是作为单个点存在的其他企业，而是形成产品价值的“价值链”或“价值网”，网络化制造动态联盟就是这样的“链”或“网”。显然，这样的“链”或“网”比“点”更具竞争优势。通过网络化制造动态联盟的实施，制造企业的组织结构将从金字塔式向网络化的扁平模式转化，建立起联盟式的制造体系。网络化制造动态联盟具有五大特征、四大目标和三大效果，如图 2－1 所示。

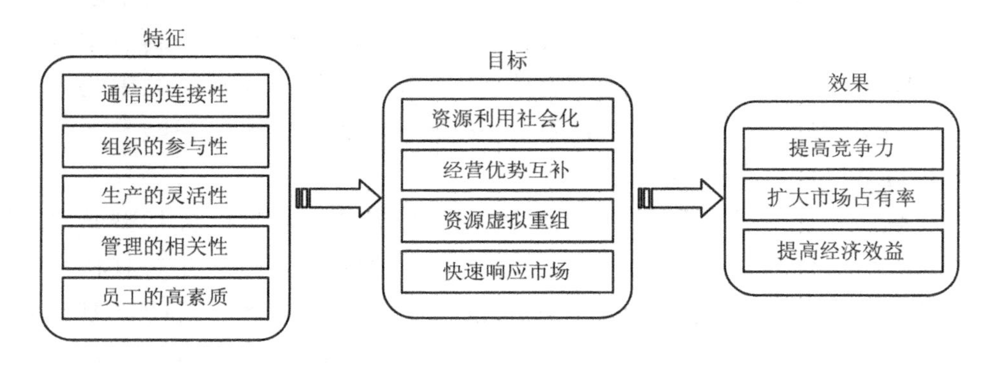

图 2－1　网络化制造动态联盟的特征、目标和效果

网络化制造动态联盟的目标是利用不同地区的现有生产资源，把它们迅速整合成一种没有围墙的、超越空间约束的、靠电子手段联系的、统一指挥的经营实体，以便降低产品成本，缩短生产周期，提高产品质量。网络化制造动态联盟的所有成员可以根据市场需要和产品特点，通过各种不同的方式进行组合。大体上来说，网络化制造动态联盟可以分为三种类型：围绕同一功能环节的动态联盟、围绕产品结构的动态联盟和围绕产品价值的动态联盟，图 2－2 表示了三种不同的网络化制造动态联盟模式。

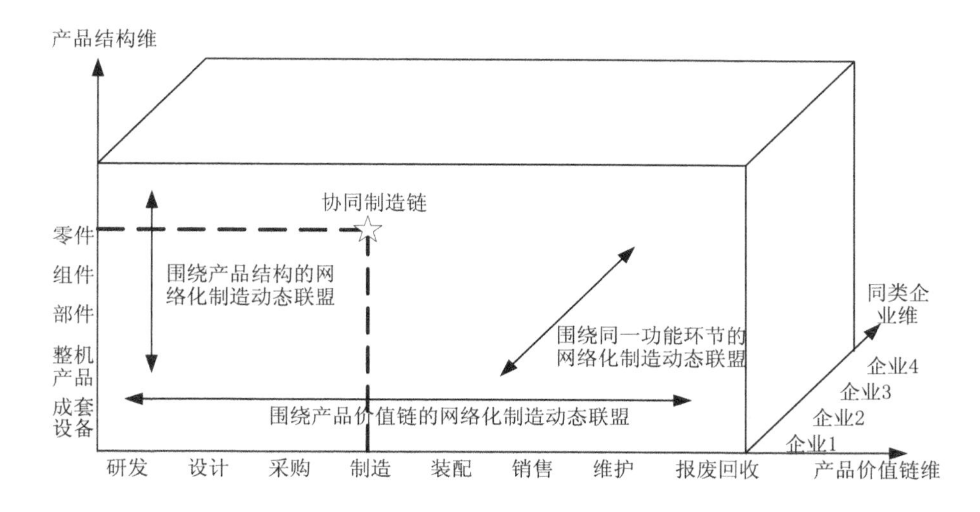

图 2－2　三种不同的网络化制造动态联盟模式

1. 围绕同一功能环节的网络化制造动态联盟

这类联盟模式中的企业往往是同行，因此往往是竞争对手，但是企业之间也可以建立动态联盟，争取“双赢”或“多赢”。

2. 围绕产品结构的网络化制造动态联盟

围绕产品结构的网络化制造动态联盟是一种互补的联盟模式，以产品结构为核心，不同的企业分工完成产品从零件到部件、整机的设计，或完成所有的加工和装配任务。

3. 围绕产品价值链的网络化制造动态联盟

在围绕产品价值链的网络化制造动态联盟中，不同企业分工完成某产品从研发到报废回收的全部过程，即分工完成整个产品全生命周期的相关业务活动。

二、协同制造链的概念及特征

由协同制造链在图 2－2 所示坐标系中的位置可知，协同制造链是以零件为特定对象建立起来的、面向其制造过程的网络化制造动态联盟。协同制造链的目标是围绕零件的制造过程，利用计算机网络，将分散在各地的生产设备资源、智力资源和技术资源等迅速地整合在一起，以便降低生产成本，缩短生产周期，提高产品质量。协同制造链能够很好地满足目前为多数企业所广泛采用的零件转包加工的要求，是实施零件分散网络化制造的一种有效资源组织形式。

围绕零件的制造过程，协同制造链的各成员之间存在一种时序关系，即前一企业的产品是后一企业的原料或加工对象，不同企业完成零件制造过程中的不同工序，所有成员均是协同制造链上的一个环节。协同制造链的总目标可以基于零件的整个制造过程进行分解，各分子目标任务即为其中可执行的独立加工任务，候选成员应该是在相应工作环节上具有竞争优势的企业。下面给出本书所研究的协同制造链的定义：

协同制造链（Collaborative Manufacturing Chain，CMC）是围绕零件制造过程，将其划分为若干协同制造任务并外包给网络中各企业所提供的制造服务完成（在协同制造链生成演化过程中，如果某任务无须外包，将企业自身也视为一制造服务），各制造服务之间按一定顺序组合而成的一个链。在协同制造链中，每一个节点都是一个协同制造任务—制造服务对，节点之间的先后顺序关系由零件的结构特点、工艺要求、制造成本、加工质量以及交货期来确定[26]。协同制造任务与制造服务的定义与描述模型将在下一章详细介绍。

协同制造链可以近似地看作一个面向零件制造过程的供应链，在该供应链中，每一个供应商提供的是加工制造服务。但是，由于各自需求的特殊性，二者在特性、策略重点、交易对象等方面存在较大差异，如表 2－1 所示。

表 2－1　协同制造链与供应链的差异性比较

比较内容	协同制造链	供应链
特性	企业内部活动（制造活动）外部化	强调企业与供应商之间的供需关系
策略重点	面向零件外包加工过程	面向产品生产、销售

续表

比较内容	协同制造链	供应链
交易对象	制造业务活动	原材料、零部件、成品
实施重点	零件制造过程分析、决策/优化	供应商的评价、选择
敏捷性及稳定性	敏捷和稳定	稳定
过程控制	主生产企业严格控制整个进度和质量，确保按时实现预定进度	企业主导、协调
工作方式	面向零件制造过程的串行工作方式	并行

本质上，协同制造链是网络制造环境下的一种合作制造模式，是建立在互联网基础上的制造活动。协同制造链以敏捷化、分散化、动态化、集成化和网络化为基本特征。敏捷化是协同制造链快速响应市场变化和用户需求的前提，主要表现在组织结构上的迅速重组、性能上的快速响应。敏捷化的特性必然要求协同制造链采用分散化、动态化的运作形式来组织生产。而集成化和网络化则是协同制造链的存在基础和实现手段，保证了该模式从理论向实际应用的顺利转变。

1. 敏捷化

敏捷化是协同制造链的核心思想。生产制造系统在现今发展阶段面临的最大挑战是：市场环境的快速变化带来的不确定性；技术的迅速发展带来的设备和知识的更新速度加快；市场由卖方转为买方，正逐步走向全球化；产品特征由单一、标准化转变为顾客化、个性化，产品的寿命周期明显缩短。所有这一切均要求制造业具有快速响应外部环境变化的能力，即敏捷化的能力。

2. 分散化

相比于传统的且局限于单个制造场所内部的制造链，协同制造链由多个伙伴企业组成，这些企业在空间上分布于不同的地域甚至可跨国界合作，具有跨地域、跨企业的特性，其控制和运行过程在地理位置上具有分散性特点。

3. 动态化

协同制造链是针对市场需求和机遇，面向特定零件的异地协同制造过程而组建的。市场和产品是协同制造链存在的先决条件，根据市场和产品的动态变化，协同制造链亦随之发生动态变化，市场和产品机遇不存在时，协同制造链解散，并根据新的市场和产品机遇重新组建新的协同制造链。

4. 集成化

在协同制造链中，由于资源和决策的分散性特征，要充分发挥资源的效率，就必须将制造系统中各种分散的资源实现实时集成，分散资源的高效集成是协同制造链的目标之一。

5. 网络化

协同制造链利用以互联网为标志的信息高速公路，将分布在不同地理位置的制造资源连接成一个有机的整体，实现信息交流和资源共享，零件制造通过竞争合作方式进行。因此，协同制造链的构建需要网络作为支撑环境，并充分应用现代化通信技术与信息技术。

第二节　协同制造链构建过程分析

一、协同制造链全生命周期总体分析

如前文所述，网络化制造动态联盟充分利用网络技术，将各伙伴企业的核心能力和资源集成在一起，形成一个临时的经营实体——基于网络的动态联盟，以共同完成某项任务，完成任务后动态联盟随即解散，是一种动态的、暂时性的结构组织。作为一个临时的、动态的网络合作组织，网络化制造动态联盟具有一个完整的生命周期，以项目（市场需求）为起止，以项目的运营过程为依归，可以将其分为四个阶段。

第一阶段：市场机遇的识别和决策。这一阶段以寻求和开发市

场机遇为起始，以做出虚拟合作决策为结束。一般来说，这里包含了机遇的寻求与识别（或者获得订单）、要素分析与合作决策等主要步骤。

第二阶段：联盟组建。这一阶段的任务主要包括项目的任务模块分解、联盟合作过程模型设计以及伙伴企业的选择与确定等工作。

第三阶段：项目实施与联盟运作。这一阶段是网络化制造动态联盟生命周期中持续时间最长也是最重要的过程。这一阶段最大的问题就是对合作伙伴的管理，因此需要明确项目实施与联盟运作过程中的管理方法、手段以及如何控制项目进度、质量等。

第四阶段：联盟解体。当任务完成或者市场机遇消失时，或者由于别的不可抗因素导致联盟运作中断时，需要根据协议中止联盟运作。

如前文协同制造链的定义所述，协同制造链是基于零件制造过程的网络化制造动态联盟，直接围绕具体的零件对象生成。一般情况下，零件作为最终产品的组成部分而存在，因而其全生命周期与网络化制造动态联盟的生命周期稍有不同，无须经历市场机遇的识别和决策阶段。从协同制造链的构建和运行过程来看，本书将协同制造链的全生命周期分为：制造任务分解与描述、制造服务发现与匹配、协同制造链生成与优化、合同签订与项目执行、协同制造链解体五个阶段，各阶段的核心问题如图 2 –3 所示。

协同制造链的构建与运行过程可以使用 UML 顺序图[27]来描述。UML 顺序图主要用于描述对象是如何交互的，将对象间的交互关系表示为一个具有两个坐标轴的二维图，纵坐标轴显示时间，横坐标轴代表协作中各个独立的对象。在顺序图中每一个对象的表示方法是：矩形框中写有对象名或类名，名字下面有下画线。同时，用一条纵向的虚线表示对象在顺序图中的执行情况，这条虚线称为对象的生命线，当对象的过程处于激活状态时，生命线是一条双道线。对象间的通信用对象生命线之间的水平消息线来表示。UML 顺序图非常适合用来描述协同制造链构建与运行过程中所涉及的相

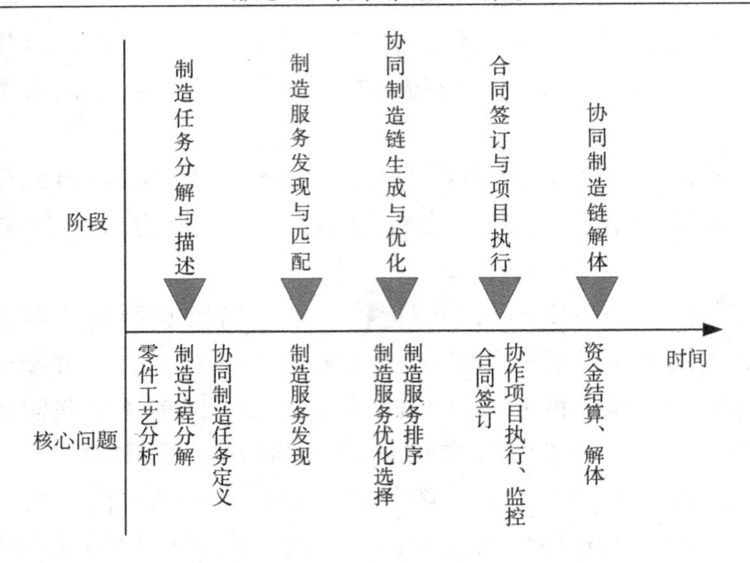

图 2－3　协同制造链全生命周期各阶段及其核心问题

关对象之间的交互活动。

图 2－4 说明了协同制造链构建与运行过程中各对象之间的交互过程。由图 2－4 可知，协同制造链的构建与运行主要涉及协同制造链发起企业、协作企业、网络化敏捷制造平台三个对象，图中带箭头的实线描述了上述对象间的交互活动，箭头线上的文本提供了一个关于此交互的简单描述。

二、面向协同制造链构建过程分析的扩展无环有向图模型

在现实生产、生活以及科学研究中，人们经常遇到各种事物之间的关系，为了将各种关系形象而直观地描述出来，人们常用点表示事物，用点之间是否有连线表示事物之间是否有某种关系，于是点和点之间的若干条连线就构成了图，图包括无向图和有向图[28]。有向图强调顶点之间顺序的重要性，因而更适于协同制造链构建过程的分析与描述。

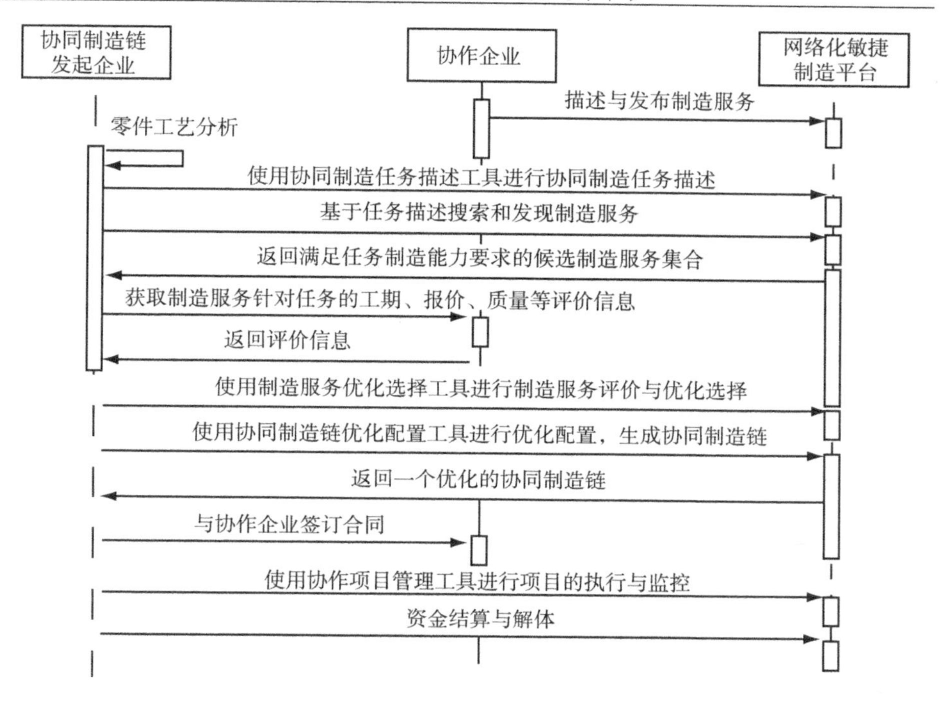

图 2－4　协同制造链构建与运行全过程

一个有向图是一个有序的二元组 $< V,E >$ ，记作 D ，其中：

（1）$V \neq \phi$ 称为 D 的顶点集，其元素称为顶点或节点。

（2）E 称为边集，它是卡氏积 $V \times V$ 的多重子集，其元素称为有向边，简称边。

对于有向图 D ，人们总是用图形来表示，用小圆圈表示顶点，用顶点之间的有向线段表示有向边，从而将有向图表示成图形。

定义 2.1　有向图中的一条有向路径为一个顶点序列，其中有一条（有向的）有向边将此序列中的每个顶点与其后继相连接。如果有一条从顶点 s 到顶点 t 的有向路径，我们称顶点 t 由顶点 s 可达。

定义 2.2　有向环——由一个顶点回到其自身的一条有向路径。

定义 2.3　无环有向图（Directed Acyclic Graph，DAG）是没有有向环的有向图。

协同制造链的各节点之间存在一种时序关系，可表示成一个由节点和有向边构成的无环有向图。为了更好地表示协同制造链构建过程不同阶段相关概念所包含的节点含义及其之间的控制关系，需要在节点层面上对有向图进行扩展，通过引入或节点、与节点、标志性节点等概念来拓展节点的内涵，以增强对协同制造链构建过程中相关概念模型的语义表述，使其能够处理复杂的逻辑，从而满足协同制造链构建过程分析的需求。这种扩展了无环有向图的新模型，本书称之为扩展无环有向图。以下针对扩展无环有向图的基本概念和关键技术进行详细阐述。

（一）节点

节点包含“普通节点”、“逻辑节点”和“标志节点”三种类型。

普通节点指协同制造链构建过程中所需要的各种类型的动作、行为。它在扩展无环有向图中由节点元素表示，是扩展无环有向图的基本组成元素。根据其内容和功能可以进一步将其划分为“协同制造任务节点”、“制造服务节点”和“综合节点”。“协同制造任务节点”代表零件制造过程中的各个制造任务，“制造服务节点”则代表了用以完成各协同制造任务的制造服务，而“综合节点”则用于表示一个协同制造任务—制造服务对。

逻辑节点是为了表示普通节点之间的逻辑关系而设立的。在协同制造链构建过程中，普通节点之间的逻辑关系并不仅仅是串行的顺序关系，还有可能出现较为复杂的“与”、“或”关系组合。本书引入两种类型的逻辑节点来专门表达普通节点之间的逻辑关系，它们是“AND 节点”、“带下标的 OR 节点”。为了进一步满足对协同制造链的复杂逻辑关系进行正确描述的要求，本书基于上述两个逻辑节点，提出并定义了“顺序”、“AND 分支”、“AND 连接”、“OR 分支”、“OR 连接”五种基本的逻辑关系，如图 2－5 所示。

“顺序”关系用以表示协同制造任务以及制造服务执行之间的先后顺序。“AND 分支”与“AND 连接”用以表示那些在工艺分

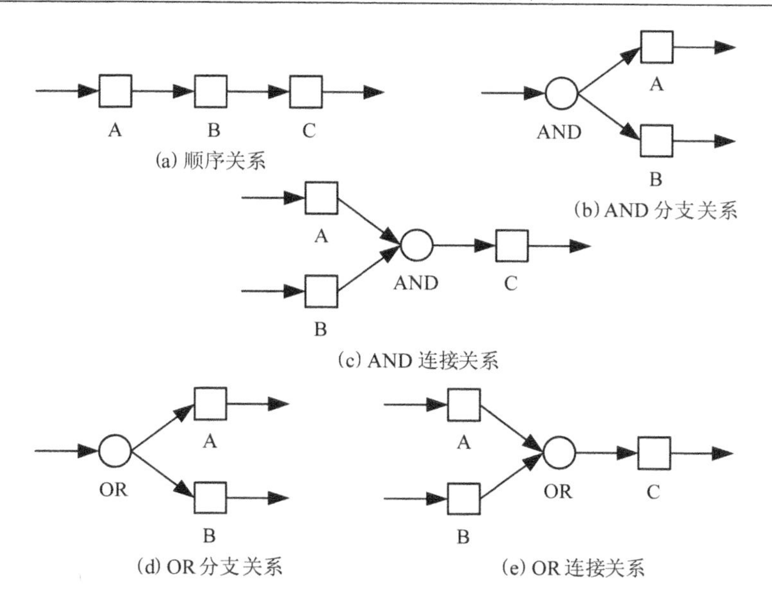

图 2-5　扩展无环有向图的基本逻辑关系

析与制造任务分解时，其加工先后顺序关系尚未确定的任务集合。"OR 分支"与"OR 连接"用以表示协同制造任务的候选制造服务集合，OR 节点是带下标的，其下标用以表示该制造服务集合属于哪个协同制造任务。

标志节点主要用来对协同制造链构建过程中的标志性动作进行描述。它主要包括两种类型："开始节点"和"结束节点"，用于表示协同制造链构建过程的"开始"和"结束"动作。

（二）连接弧

作为扩展无环有向图的另一类组成元素，连接弧是位于节点之间的有向线段，即有向边，它从前趋节点指向后继节点。连接弧用于表示扩展无环有向图节点之间的控制逻辑和时序关系。

三、基于扩展无环有向图的协同制造链构建过程详细分析

某重点型号航空发动机是我国新一代高性能战斗机的心脏，而机匣类零件又是该发动机中最为复杂和关键的零件之一，它的研制和生产水平反映了航空工业的技术现状。本节将基于扩展无环有向图模型，并结合某重点型号航空发动机关键零件的异地协同制造过程，对协同制造链全生命周期各阶段进行详细分析。

（一）制造任务分解与描述

工艺路线是连接产品设计与产品制造的桥梁[29]。工艺路线分析的主要任务是为被加工零件选择合理的加工方法和加工顺序，以便能按设计要求生产出合格的成品零件。协同制造链构建过程可以看作网络环境下面向异地协同制造的零件工艺规划过程，工艺路线分析是制造任务分解与描述的基础，因此首先要进行零件工艺路线的分析。

进行工艺分析时，一个零件通常被若干具有加工意义的制造特征[30]所描述，例如某关键零件就可通过前端面、后端面、结合面、前槽、后槽、外型面、前后安装边孔等制造特征进行描述。完成零件制造特征划分后，协同制造链发起企业即可寻找所有能够得到制造特征属性（形状、尺寸、公差和表面粗糙度）的加工方法。与企业内部的传统工艺路线分析不同，网络化制造环境下，企业选择加工方法时不仅要考虑企业自身所具备的制造资源，而且还应基于广泛的网络化资源去进行加工方法的选择。当加工方法选择完成后，企业还需要进一步对加工方法进行排序以确定加工方法之间的优先关系，排序主要以精度区段作为排序标准，按“先基准后其他、先粗后精、先主后次、先面后孔”等规则进行。

在零件工艺路线分析过程中，协同制造链发起企业还应根据零

件的制造要求（包括数量、精度、质量、成本、交货时间等）确定每道加工任务的工期与成本，评估本企业制造资源能否满足要求，判断哪些加工任务在企业内部是不能加工或不适合加工的，并将其确定为外协加工任务，评估的结果将作为制造服务发现的依据。完成零件工艺路线分析后，协同制造链发起企业将获得一个面向协同制造的零件工艺规划（Collaborative - Oriented Process Plan，COPP），图 2 -6 为采用扩展无环有向图描述的某型号航空发动机关键零件的 COPP。

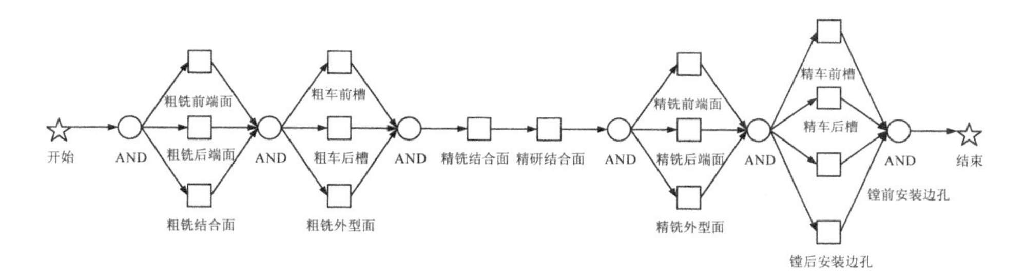

图 2 -6　某型号航空发动机关键零件的 COPP

COPP 有别于传统的企业内部工艺规程。传统工艺规程中，工序之间具有严格的顺序关系并且完成了每道工序的设备、工装以及刀具的选择，而 COPP 只给出了任务（本书称之为协同制造任务）划分及其相关加工要求（主要包括加工基准、工序尺寸、加工余量以及时间定额等），并没有与具体的资源相关联；各任务之间仅按"先基准后其他、先粗后精、先主后次、先面后孔"等规则进行了初步排序，尚未为每一个任务建立严格的顺序关系。由图 2 -6 可知，该零件的加工过程可划分为 15 个任务，分别是：粗铣前端面、粗铣后端面、粗铣结合面、粗车前槽、粗车后槽、粗铣外型面、精铣结合面、精研结合面、精铣前端面、精铣后端面、精铣外型面、精车前后槽、镗前后安装边孔。AND 节点之间的加工任务表示其加工先后顺序关系尚未确定，而非指加工时间上的并行，为便于描述，本书将其称为并行制造任务集合。如第一个 AND 节点之中，粗铣前端面、粗铣后端面、粗铣结合面三个加工任务谁先加工、谁后加工无明显制造工艺约束，尚未进行排序，即为一个并行制造任务集合。

获得零件的 COPP 后，协同制造链发起企业就可以基于网络协同制造本体对协同制造链中的任务进行语义化描述，以准确反映任务的制造能力需求。

（二）制造服务发现与匹配

制造服务发现与匹配是一个将协同制造任务的能力需求特征和制造服务的制造能力特征进行匹配，以制造能力为基础搜索出所有满足任务加工要求的制造服务的过程。针对零件制造过程中本企业所无法满足的资源能力，协同制造链发起企业从制造服务注册中心搜索能够满足协同制造任务加工能力要求的制造服务，并将协同制造任务外包给相应的制造服务提供商进行委托加工。对每一个协同制造任务，制造服务注册中心可能会返回多个满足能力需求的制造服务，本书称之为候选制造服务集合。

协同制造链发起企业完成制造服务发现与匹配后，将获得一个依赖于制造服务的零件工艺规划（Service – dependent Process Plan，SDPP）。SDPP 通过将制造服务注册中心返回的制造服务与 COPP 中对应的协同制造任务进行关联后生成，SDPP 中的每一个制造服务都具有完成 COPP 中对应协同制造任务的能力。图 2 – 7 为采用扩展无环有向图描述的某型号航空发动机关键零件的 SDPP，图中带下标的 OR 节点之间即为对应协同制造任务的候选制造服务集合。

（三）协同制造链生成与优化

协同制造链生成与优化包括两个步骤：制造服务优化选择与制造服务排序。

经过制造服务发现与匹配后，所得到的候选制造服务集合仅仅是以制造服务的制造能力为唯一指标来衡量制造服务是否能够满足协同制造任务要求的。为了进一步选出最佳制造服务，还需要利用

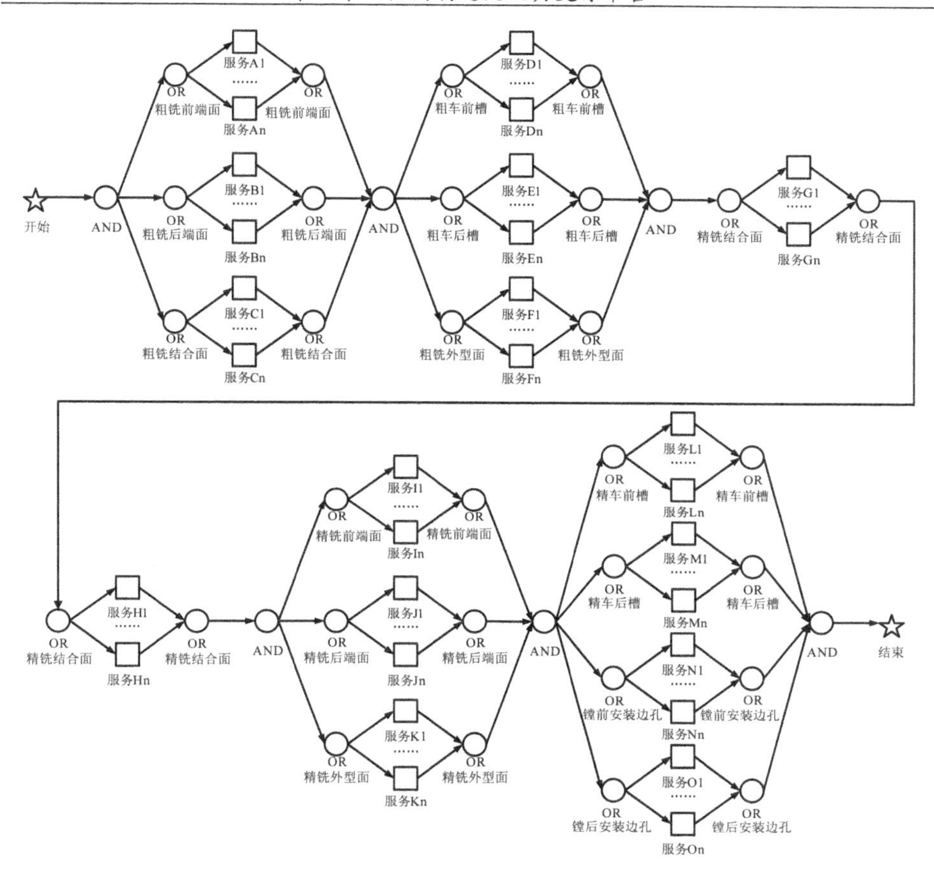

图 2－7　某型号航空发动机关键零件的 SDPP

其他指标，诸如加工质量高低、交货及时性、加工成本高低、服务的优劣等，对第一次匹配出的制造服务进行评价和排序。在具体实现过程中，协同制造链发起企业可以把各个协同制造任务的时间要求、质量要求、成本要求等动态信息以标书的形式发给候选制造服务提供商，提出各种要求的最底线，各候选制造服务提供商根据自己的具体情况回复标书，说明自己实际可以完成的时间、质量、成本等信息，然后协同制造链发起企业使用网络化敏捷制造平台的协同制造链优化配置工具对所有指标进行优化，找到最佳制造服务。此时协同制造链发起企业将获得一个优选后的 SDPP。在优选后的

SDPP 中，OR 节点已被消除，协同制造任务与制造服务一一对应，即为一个协同制造任务——制造服务对。图 2 -8 为某型号航空发动机关键零件优选后的 SDPP。

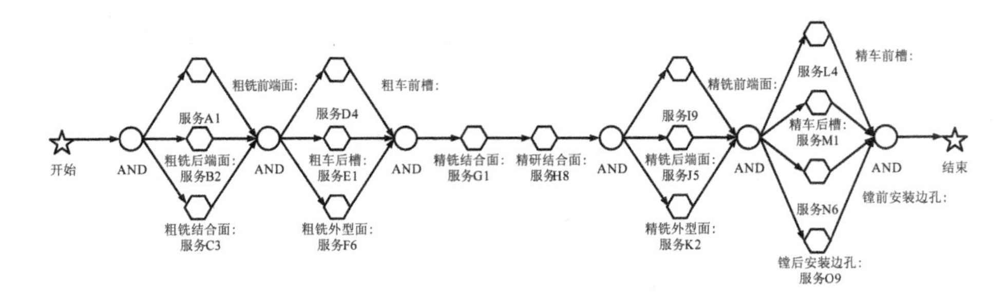

图 2 -8　某型号航空发动机关键零件优选后的 SDPP

在协同制造链构建过程中，为了完成零件的加工，协同制造链发起企业还需要对优选后的 SDPP 进行排序，消除 SDPP 中的 AND 节点，最终生成协同制造链。与传统工艺规程编制过程中的工艺排序问题不同，协同制造链的构建是建立在零件工艺分析基础之上的，在其从 COPP 到 SDPP 再到 CMC 的演化过程中，已经充分考虑了制造工艺、加工成本以及加工时间等问题，因而其排序问题简化为主要从降低协同制造链的物流成本方面考虑。图 2 -9 为最终生成的某型号航空发动机关键零件的协同制造链。

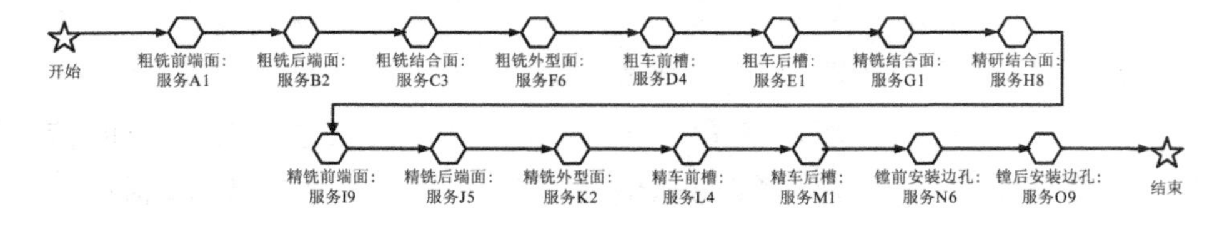

图 2 -9　某型号航空发动机关键零件的 CMC

（四）合同签订与项目执行

协同制造链构建成功后，协同制造链发起企业与链中的相关制造服务提供商签订商务合同，协同制造链正式进入运行阶段。在协同制造链运行阶段，将采用基于网络的协作项目管理形式对零件的整个制造过程进行管理。

（五）协同制造链解体

当零件制造任务完成后，各相关企业完成资金结算，协同制造链即自行解体。

四、协同制造链构建过程中相关概念的形式化描述

为了本书后面研究问题的方便，本节将对协同制造链构建过程中的一些概念作如下定义和形式化描述：

定义 2.4 协同制造任务集合：基于零件的制造特征，零件制造过程可以分解为一系列制造任务的集合，本书将该集合称为协同制造任务集，设为 $P = \{p_i \mid i = 1,2,3,\cdots,m\}$ ，其中 p_i 代表该零件异地协同制造过程中的一个协同制造任务。

定义 2.5 并行制造任务集合：进行零件制造任务分解时，由于无明显制造工艺约束而尚未确定加工先后顺序关系的那些协同制造任务集合，设为 $UP_j = \{up_i^{(j)} \mid up_i^{(j)} \in P, i \in N, j \in N\}$（$N$ 为自然数），其中 $up_i^{(j)}$ 表示协同制造链中第 j 个并行制造任务集合中第 i 个协同制造任务。

定义 2.6 面向协同制造的零件工艺规划（COPP）：定义有限集合 $COP = \{UP_i \mid \forall i \neq j, UP_i \cap UP_j = \phi, \bigcup_{i=1}^{n} UP_i = P, i \in N, j \in N\}$（$N$ 为自然数），其中 UP_i 为零件的并行制造任务集，P 为零件的协同制造任务集。则 COPP 为一非稠密的线性序列，即 COPP 中的元素具有严格的时序关系，其可表示为：

$COPP = \{COP, \leqslant\} \cup \{\text{非稠密性}\}$（$N$ 为自然数）

非稠密性的含义为：在集合 COP 中，不可能存在处于元素 T_k 和元素 T_{k+1} 之间的元素 T_x ，从而保证了元素序列和自然数列的一一

对应关系，使得元素序列保持连贯性。非稠密性可表示为下式：

$\forall k, \neg\ \exists (T_k \leqslant T_x \wedge T_x \leqslant T_{k+1})$，其中 $T_k, T_{k+1}, T_x \in COP$

定义 2.7 制造服务集合：定义有限集合 $S = \{s_i \mid i = 1,2,\cdots,n\}$ 为制造服务注册中心的全体制造服务集合，s_i 代表某一具体的制造服务，制造服务是企业协同制造单元面向服务的封装，反映了企业的某种制造能力。

定义 2.8 协同制造任务—制造服务能力关系矩阵：代表制造服务在制造能力上完成某协同制造任务的可能性，用矩阵 $\underset{i \times j}{R}(P,S)$ 表示：

$$\underset{i \times j}{R}(P,S) = \begin{bmatrix} r(p_1,s_1) & r(p_1,s_2) & \cdots & r(p_1,s_n) \\ r(p_2,s_1) & r(p_2,s_2) & \cdots & r(p_2,s_n) \\ \vdots & \vdots & \vdots & \vdots \\ r(p_m,s_1) & r(p_m,s_2) & \cdots & r(p_m,s_n) \end{bmatrix},$$

其中 $i \in (1,2,3,\cdots,m)$，$j \in (1,2,\cdots,n)$，

$$r(p_i,s_j) = \begin{cases} 1 & \text{制造服务 } s_j \text{ 具备完成协同制造任务 } p_i \text{ 的能力} \\ 0 & \text{制造服务 } s_j \text{ 不具备完成协同制造任务 } p_i \text{ 的能力} \end{cases}$$

定义 2.9 候选制造服务集合：定义有限集合 $S_1^{(i)} = \{s_j \mid s_j \in S, r(p_i,s_j) = 1, p_i \in P, i = 1,2,3,\cdots,m; j = 1,2,\cdots,n\}$ 表示满足协同制造任务 p_i 制造能力需求的候选制造服务集合。

定义 2.10 协同制造任务－制造服务选择关系矩阵：表示最终为协同制造链中各协同制造任务选定的最佳制造服务，用矩阵 $\underset{i \times j}{ER}(P,S)$ 表示：

$$\underset{i \times j}{ER}(P,S) = \begin{bmatrix} er(p_1,s_1) & er(p_1,s_2) & \cdots & er(p_1,s_n) \\ er(p_2,s_1) & er(p_2,s_2) & \cdots & er(p_2,s_n) \\ \vdots & \vdots & \vdots & \vdots \\ er(p_m,s_1) & er(p_m,s_2) & \cdots & er(p_m,s_n) \end{bmatrix},$$

其中 $i \in (1,2,\cdots,m)$，$j \in (1,2,\cdots,n)$，$\forall i = 1,2,3,\cdots,m$，满足 $\sum_{j=1}^{n} er(p_i,s_j) = 1$，$er(p_i,s_j) = \begin{cases} 1 & s_j \text{ 为完成 } p_i \text{ 的最佳制造服务} \\ 0 & s_j \text{ 未被选中} \end{cases}$。

定义 2.11 协同制造链（CMC）：定义有限集合 $SP=\{<p_i,s_j>|p_i\in P\wedge s_j\in S, er(p_i,s_j)=1, i=1,2,3,\cdots,m; j=1,2,\cdots,n\}$，其中 $m=|P|$，$n=|S|$，$<p_i,s_j>$ 表示一个协同制造任务—制造服务对，则协同制造链可定义为一非稠密的线性序列，其可表示为下式：$CMC=\{SP,\leqslant\}\cup\{$非稠密性$\}$。

第三节 基于网络化敏捷制造平台的协同制造链构建与运行

一、基于网络化敏捷制造平台的协同制造链运行模式

传统合作制造的运行一般是以企业为中心，企业和企业之间直接通过网络点对点的进行信息共享、集成和工作协同，因此，它们之间形成了一个网状结构的关系[31]，如图 2－10 所示。当合作企业不是很多时，这种两层结构下的企业合作也是快捷和方便的，但是，每个企业都必须记录其他企业的相关合作信息。随着网络技术的发展，企业之间的合作能力变得更加强大，能相互合作的企业不断增多，这时两层合作结构就暴露出以下弊端：

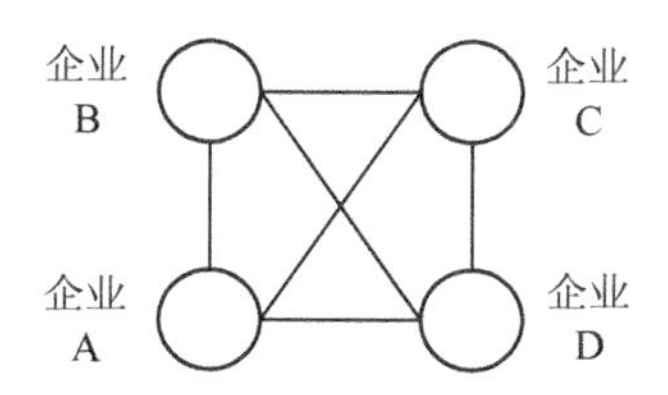

图 2－10 传统合作制造运行模式

（1）企业面对的是大量不确定的合作伙伴，在众多的企业中寻

找合作伙伴将变得越来越困难。

（2）企业面对的是各种各样的异构环境，企业与企业之间的集成和协调变得异常复杂，企业之间（点对点转换）应用转换的代价增大。

（3）随着合作伙伴的增多，合作制造项目日趋复杂，合作变得更加难以管理。

如果还是基于传统的两层结构，协同制造链的可操作性将大大降低。为此，本书引入了网络化敏捷制造平台，提出了一个基于网络化敏捷制造平台的星形协同制造链运行模式。该模式从组织上改变了以企业为中心的模式，通过一个独立的第三方平台——网络化敏捷制造平台来统一协调零件在各企业之间的制造过程，如图2－11所示。采用这种模式，企业只需要解决与网络化敏捷制造平台的信息交换和集成问题，由网络化敏捷制造平台负责与其他企业的网络化资源共享和工作的协作，这样就提高了协同制造链的可操作性，并且该模式比较稳定，一般不会随着企业发展的变化而变化。

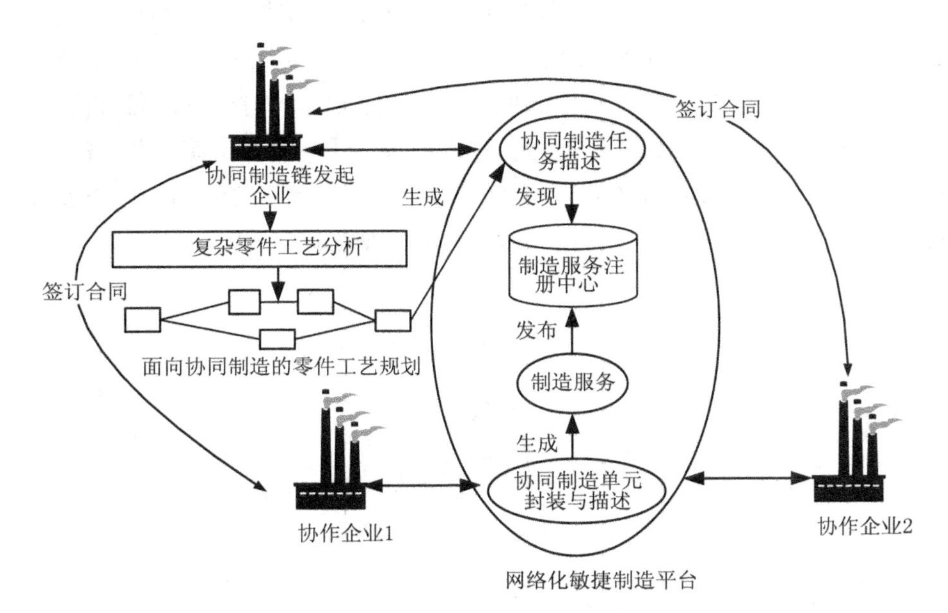

图2－11　基于网络化敏捷制造平台的协同制造链运行模式

如前文所述，协同制造链的核心思想就是围绕零件的制造过程，通过计算机网络，将分布在不同地点的人力、设备和软件资源有效地组织起来，进行集中管理和调配，形成资源统一环境，使得资源能被快速、准确地配置到需要的企业，从而实现异地资源的共享和优化配置。在具体实现过程中，本书基于制造服务进行资源组织、封装与描述，围绕零件的制造过程，利用网络化敏捷制造平台对制造服务进行合理配置与管理，从而提供了一个支持企业资源共享和制造协作的大环境。在具体讨论网络化敏捷制造平台的主要功能与体系结构之前，下面首先给出网络化敏捷制造平台的定义：

网络化敏捷制造平台是一个运行在语义 Web 架构下的以提供资源共享服务为主要功能的信息基础结构，该平台基于 ASP 模式，提供项目管理、协同制造链构建等应用服务。网络化敏捷制造平台的核心是制造服务注册中心，任何一个企业均可以通过互联网注册成为该平台的用户，进行企业制造能力的封装与描述，并以制造服务的形式注册（发布）到制造服务注册中心。制造服务注册中心实际上就是一个面向网络化制造的虚拟企业集市。对于注册后的企业，网络化敏捷制造平台可在合作环境下提供一系列的应用服务，企业可以根据自身的需要选择使用该平台提供的各种应用服务，或是作为协同制造链发起企业围绕零件的制造过程，创建一个协同制造项目，构建协同制造链；或是作为协作企业参与协同制造链，承担并完成相关协同制造任务。

二、网络化敏捷制造平台功能划分

网络化敏捷制造平台是协同制造链得以实施和运行的基础，其应从功能上支撑协同制造链的构建与运行，网络化敏捷制造平台提供的功能主要包括：

（一）制造服务建模

该模块提供了一个制造服务的语义化建模与描述工具，企业用户可以通过该模块基于平台所定义的网络协同制造本体将本企业的制造能力建模描述为制造服务。制造服务建模是建立制造服务注册中心的基础。

（二）制造服务管理

该模块为企业提供制造服务的注册和发布功能，并负责对所有已注册的制造服务进行统一规划、整合、管理、运营、维护，支持用户对制造服务的快速搜索、定位。制造服务注册的目的就是把地域上分散的制造资源集中起来管理，以制造服务为媒介，表达企业的制造能力、组织企业制造资源。制造服务注册信息是协同制造链构建的基础信息。

（三）协同制造链构建

协同制造链构建是平台的核心功能之一，主要包括 COPP 管理、SDPP 管理、CMC 优化配置等功能。用户使用 COPP 管理工具，可以进行面向异地协同制造的零件工艺路线设计，完成零件制造任务的分解，实现任务的语义化描述，建立一个面向协同制造的零件工艺规划。SDPP 管理工具则基于制造服务匹配引擎将 COPP 中的协同制造任务的能力需求特征与制造服务注册中心的制造服务能力特征进行匹配，获得一个依赖于制造服务的零件工艺规划，并可以进一步使用该工具输入制造服务的质量、成本、工期等评价信息，为制造服务优化选择提供基础信息。CMC 优化配置工具则可以完成 SDPP 中制造服务的优化选择以及制造服务排序，最终生成协同制造链。

（四）协作项目管理

协作项目管理是平台提供的另一个重要应用服务，该模块主要用于管理和监控协同制造链的执行过程。面向零件的异地协同制造是一个多种复杂活动的过程，因此需要从全局角度对零件制造中的各种活动作统筹安排，从而使整个过程能够在规定时间内以高质量和低成本加以完成。协作项目管理主要包括以下几个子功能：①合同管理，对该协同制造项目下的所有合同进行管理；②项目组织管理，根据项目的特点和项目计划，围绕项目合理组织项目中的各制造服务提供商；③项目文档管理，有效管理协同制造链运行过程中所产生的各种历史数据，保证项目按计划顺利完成。项目计划管理，制定整个协同制造链各制造任务的计划进度。项目控制管理，围绕协同制造项目跟踪其进度，掌握各项工作现状，以便进行适当的进度调整。

（五）制造资源管理

该模块面向平台注册企业，主要提供制造资源的注册、分类、检索、注销、更新等功能。

（六）平台管理

该模块主要包括用户管理、安全管理、数据维护、网络协同制造本体管理、访问控制管理等，以便完成平台数据的备份、恢复、导入/导出、基础数据维护等功能，保证平台的安全使用。

三、网络化敏捷制造平台体系结构

（一）网络化敏捷制造平台体系结构及其功能

网络化敏捷制造平台良好的体系结构是有效实施协同制造链的先决条件。协同制造链分散化和动态开放的特征决定了平台是一个开放的系统，其体系结构也必须是开放的和可扩展的。基于协同制造链构建与运行需求，本书提出如图 2 – 12 所示的网络化敏捷制造平台体系结构。由图 2 – 12 可知，网络化敏捷制造平台共分为四层，由上至下分别是客户层、应用服务层、语义层以及数据存储层，各层的具体功能及作用如下：

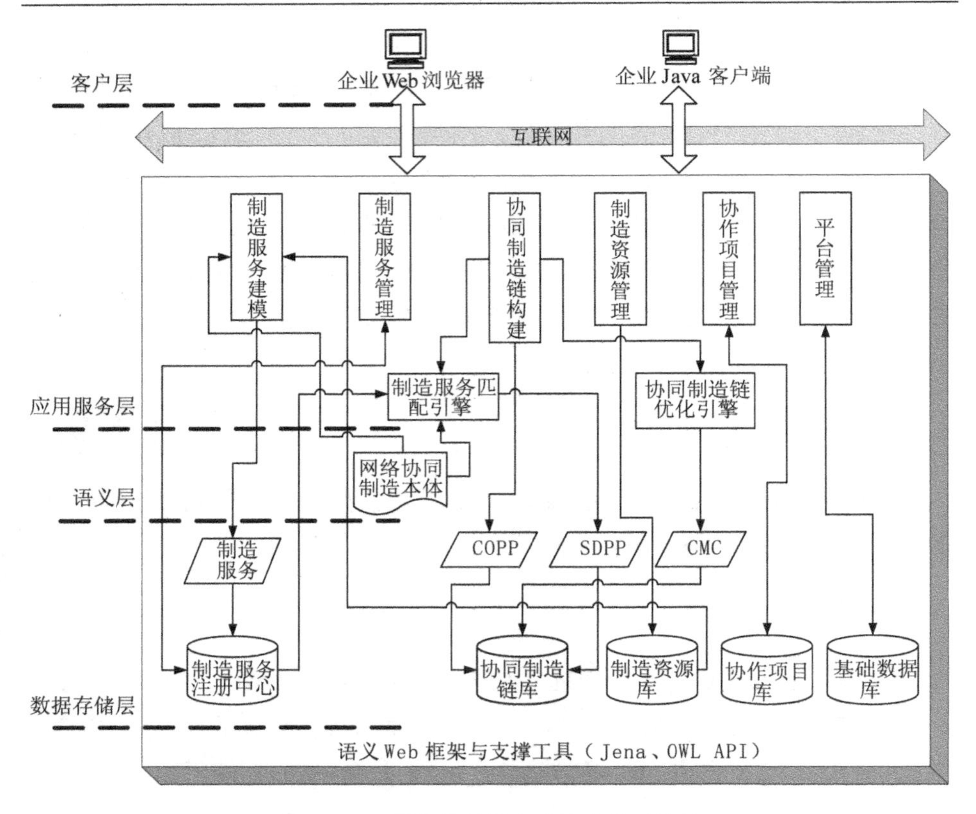

图 2－12　网络化敏捷制造平台体系结构

1. 客户层

企业使用客户层通过互联网实现与网络化敏捷制造平台的互联，调用网络化敏捷制造平台所提供的各种功能。客户层主要包括两种客户端：一种是纯 Web 浏览器的瘦客户端模式；另一种为从平台下载的基于 Java 的专用客户端。

2. 应用服务层

应用服务层面向企业用户基于 ASP 模式提供一系列应用服务，是企业构建与运行协同制造链的主要功能，主要包括制造服务建模服务、协同制造链构建服务、制造服务匹配引擎、协同制造链优化引擎、协作项目管理服务、制造资源注册服务、制造服务注册服务等，同时该层也面向平台管理者提供平台管理功能。应用服务层使用语义层的网络协同制造本体进行基于语义的制造服务与协同制造任务建模、制造服务发现与匹配，其本质是一个基于语义的制造服务组合框架，能够实现制造任务信息驱动的制造服务发现、匹配与优化，生成一个基于互联网的面向零件的网络化制造解决方案。

3. 语义层

语义层也可称为本体层，该层基于OWL语言存储面向零件网络化制造过程的制造本体，主要用来对制造服务、协同制造任务进行基于语义的描述以及为协同制造任务与制造服务的匹配过程提供基于语义的推理。制造本体紧密结合零件网络化制造过程中所涉及的关键要素，将制造领域中的常用概念、术语，通过概念蕴涵、属性关联、相互约束和公理定义等方法，组织成具有网状结构的、可共享的形式化本体表示。

4. 数据存储层

数据存储层主要为协同制造链的构建与运行提供基础支持，由制造服务注册中心、协同制造链库、制造资源库、协作项目库、基础数据库等几部分组成，主要负责数据的存储、查询和备份，维护数据的一致性和安全性，为应用服务层提供数据服务，如存储应用服务层处理结果、返回应用服务层检索的数据结果。

网络化敏捷制造平台采用的是B/W/S与C/W/S相结合的混合式体系结构，只要企业用户的计算机能够连接到互联网并使用通用Web浏览器（IE、Netscape等）访问互联网，他们就能够基于网络化敏捷制造平台开展网络化制造活动。

（二）网络化敏捷制造平台体系结构的特点

1. 跨平台支持

由于采用统一的通信协议，并且Web浏览器与基于Java的客户端软件能够很好地支持跨平台操作，所以可以方便地在企业异构平台上运行。

2. 灵活、可伸缩和可扩展

在该结构下，客户端只需安装Web浏览器，并根据需要下载相应的 Java 客户端应用程序，大部分业务处理都放在服务器上，系统对硬件要求不高，而且更重要的是能够使系统具有更大的灵活性，易于进行重新配置和功能扩充，减小了客户端维护工作的负担，大大提高了平台的灵活性、可伸缩性和可扩展性。

3. 维护相对简单

使用 B/W/S 和 C/W/S 方式，可将开发人员集中于服务器端，只需开发和维护服务器端应用程序；而服务器上所有的应用程序可以通过 Web 浏览器和 Java 客户端在客户机上执行，从而充分发挥开发人员的群体优势，应用软件的维护也相对简单。

四、网络化敏捷制造平台工作流程

网络化敏捷制造平台的主要服务对象是有协同制造任务加工需求的协同制造链发起企业和能够提供制造服务的协作企业。对于协同制造链发起企业，其主要工作就是根据协同制造任务选取最佳制造服务来完成零件的异地协同制造。对于协作企业，其主要工作就是描述与发布制造服务，并使用平台提供的应用服务工具积极参与协同制造链，获取任务订单，承担并完成协同制造任务。网络化敏捷制造平台的典型工作流程如下：

（1）企业使用 Web 浏览器通过互联网连接到平台服务器端，输入用户、密码及企业基本信息，注册成为平台用户。

（2）企业根据自身需要下载平台所提供的各种应用服务工具。

（3）企业使用制造服务建模工具将本企业的制造能力封装、描述为制造服务，在描述过程中将使用到企业注册的各种制造资源。

（4）企业使用制造服务管理工具将本企业的制造服务发布到平台上，信息存储于制造服务注册中心；企业还可以使用制造服务管理工具浏览、修改本企业提供的制造服务。

（5）协同制造链发起企业根据自己的需求，首先使用协作项目管理工具建立一个零件协作制造项目。

（6）协同制造链发起企业使用 COPP 管理工具进行面向异地协同制造的零件工艺路线分析以及协同制造任务的语义化建模描述工作。

（7）协同制造链发起企业使用 SDPP 管理工具，基于制造服务匹配引擎完成协同制造任务与制造服务的匹配工作，系统返回该零件的 SDPP。

（8）用户调用 CMC 优化工具，进行制造服务的优化选择与排序，生成协同制造链。

（9）协同制造链发起企业与协同制造链中的各协作企业（制造服务提供商）签订商务合同，并使用协作项目管理工具进行合同管理。

（10）协同制造链各参与企业使用协作项目管理工具实现协同制造链的运行管理，进行协同制造任务的进度监控、文档资料共享，共同完成协同制造链的运行过程。

本章小结

本章主要对协同制造链的概念、协同制造链的构建与运行过程以及协同制造链构建与运行支撑平台进行了研究。首先，对网络化制造动态联盟进行了介绍，并对其分类进行了研究，指出协同制造链是围绕零件制造过程的网络化制造动态联盟；随后给出了协同制造链的定义，阐述了协同制造链的特征。其次，重点分析了协同制造链构建与运行过程，将这一过程划分为制造任务分解与描述、制造服务发现与匹配、协同制造链生成与优化、合同签订与项目执行、协同制造链解体五个阶段，建立了面向协同制造链构建过程分析的扩展无环有向图模型，基于该模型对各阶段进行了详细建模分析，并对构建过程中产生的相关概念进行了形式化描述，从而为本书后面的分析与研究奠定了理论基础。最后，对协同制造链构建与运行支撑平台——网络化敏捷制造平台进行了研究，给出了平台的定义与功能划分，建立了平台的体系结构，详细论述了平台的工作流程，为协同制造链构建支持系统的开发与实现提供了基础。

第三章　基于本体论的协同制造任务与制造服务建模

协同制造链构建的关键是如何基于协同制造任务信息，快速、高效地实现制造服务的发现与匹配。为了解决该问题，需要建立用于准确描述加工需求信息的协同制造任务模型以及反映企业制造能力信息的制造服务模型。协同制造任务与制造服务描述的精确程度直接影响着协同制造链的构建效率与成功率。因此，如何对协同制造任务与制造服务进行描述是协同制造链快速构建研究中的重要问题之一。

本章主要针对上述问题展开研究，首先，对协同制造链构建过程中的建模问题进行了分析，提出采用基于本体论的协同制造任务与制造服务建模方法；其次，将本体论与网络化制造领域的研究相结合，通过扩展 OWL – S 本体建立了一个面向零件网络化制造的 Web 本体模型——网络协同制造本体；最后，基于网络协同制造本体建立了协同制造任务与制造服务的描述模型，实现了协同制造任务与制造服务的语义化描述。对协同制造任务与制造服务进行语义描述使得基于语义的制造服务发现与匹配成为可能。

第一节　协同制造链构建过程中的建模问题

对于复杂对象的研究，人们往往从建立模型开始。模型是人们为了研究和解决客观世界中存在的种种问题而对客观现实经过思维抽象后用文字、图表、符号、关系式以及实体模样描述所认识到的客观对象的一种简化表示形式[32]。简单地说，模型就是实际对象或系统的抽象及简化表示，是抽取了服务于我们研究目标的对象的本质特征，忽略掉或精简掉一些次要的非本质影响因素后的对象表示法。这种表示法的形式，可以是数学公式，可以是缩小的物理装置，可以是图形表格，也可以只是对某些特性或规则的语言文字叙述。

由第二章的论述可知，协同制造链构建需经历协同制造任务—制造服务匹配和制造服务优化选择与排序两个阶段。在网络化敏捷制造平台上，协同制造链发起企业通过一定的方式描述协同制造任务，并与制造服务注册中心的制造服务进行匹配，从而搜索到具备完成该任务能力的制造服务。通过上述分析可以看到，对于协同制造任务—制造服务匹配这一问题的求解，首先需要建立协同制造任务模型与制造服务模型，这样才能通过一定的匹配算法有效地搜索到具备完成协同制造任务能力的制造服务。所以，协同制造链构建过程中的建模任务主要是：建立面向零件异地协同制造的协同制造任务模型和制造服务模型。在此基础上，才能够进行基于模型的推理和计算，进而实现有效的协同制造任务—制造服务匹配与制造服务优化选择支持。

笔者认为协同制造任务模型与制造服务模型的构建需要满足以下要求：

（1）可重用性和可伸缩性：便于模型的快速建立和扩充。

（2）一致性：模型各个视图的语法和语义都应准确地表达其正确的意思，并且不存在冲突。

（3）完备性：能够基于模型求解协同制造任务—制造服务匹配以及制造服务优化选择方面的问题。

（4）可理解性：提供一组准确无二义的术语，使网络化敏捷制造平台的用户（广大企业）均可正确理解其含义，并能用它进行协同制造任务与制造服务的建模描述。可理解性主要包括语法和语义两个方面，即既可正确理解其结构和表达方法，又可保证对含义的一致正确理解。

在现实环境下，企业的制造任务与制造能力（本书中，制造服务主要用于封装描述企业制造能力）的描述通常是模糊、不完备、不一致的。协同制造任务与制造服务的描述常因企业而异。不同企业生成的制造任务描述可能会矛盾，相同术语用于不同概念，不同术语指同一实体。现有制造信息网站与电子商务网站在任务与企业制造能力建模方面多采用表格（包含一组指标）形式、模板形式或直接基于自然语言进行。这种简单的建模方法在协同制造链构建过程中存在很大问题，无法满足快速、高效的协同制造链构建需求。因此，寻找先进的理论与方法指导协同制造任务与制造服务建模，并利用模型支持问题的求解过程，是本书研究工作的重要方面。

目前，本体论方面的研究很多。本体已在一些商业系统中得到应用，它的重要性已经被异构数据集成、知识工程和规划等不同领域所认识。本书基于 OWL－S 本体，对它进行了重用和扩展，建立了网络协同制造本体。网络协同制造本体为协同制造任务与制造服务的建模和分析提供了元模型，是协同制造任务与制造服务建模的基础。采用基于本体论的建模方法，能够从以下几个方面为协同制造链构建提供帮助：

（1）本体论为明确描述特定问题域中的应用模型提供了通用词汇表。不同企业使用相同的本体论，就可以继续使用本地语法、语义规范表示信息，并且该信息能够在不同企业间直接被共享和使用。这样制造服务发现与匹配就能够得到更多语义相关的有用信息，使得发现与匹配过程更加精确、更加智能。

（2）本体论为知识获取、表示和处理提供了辅助机制。本体论提供了信息和知识一致性和完备性检查机制，能够自动检查信息和知识的正确性，进行知识自动推理。所以在制造服务发现与匹配过程中，可以基于本体进行服务制造能力可满足性的推理与分析，实现高效的制造任务—制造服务匹配问题求解。

（3）本体模型具有良好的扩展机制。本体模型提供了良好的动态扩展与知识复用机制，基于本体论进行协同制造任务与制造服务建模可以很好地满足模型对于可重用性和可伸缩性方面的要求。

第二节 网络协同制造本体

一、本体论与网络协同制造本体

本体论的研究最早起源于哲学领域。在西方哲学史中，本体论是关于存在及其本质和规律的学说。在中国古代哲学中，本体论又叫做“本根论”，指的是探究天地万物产生、存在、发展变化的根本原因和根本依据的学说[33][34][35][36][37]。

近一二十年来，本体论已被计算机领域所采用，广泛用于知识表达、知识共享及重用。目前，许多学科和研究领域都在使用“本体”这个术语，但存在不同的定义。在知识工程领域，Neches 等人于 1991 年首先指出：“一个本体定义了组成主题领域词汇的基本术语和关系，以及用于组合术语和关系以定义词汇外延的规则”[38]。Gruber 于 1993 年指出：“本体是概念化的一个显式的规范说明或表示”[39]。Studer 等在对本体做了深入研究后，提出了一个被广泛接受的定义，即“本体是共享概念模型的明确的形式化规范说明”[38]。该定义包含四层含义：概念模型、明确、形式化和共享。“概念模型”指通过抽象出客观世界中一些现象的相关概念而得到的模型。“明确”指所使用的概念及使用这些概念的约束都具有明确的定义。“形式化”指本体是计算机可读的（即能被计算机处理）。“共享”指本体体现的是共同认可的知识，反映的是相关领域中公认的概念集。

从本体的定义来看，一个领域中的术语、术语的定义以及术语之间的语义网络应是一个领域本体包含的基本信息。本体的目标应是捕获相关领域的知识，提供对该领域知识的共同理解，确定该领域内共同认可的词汇，并从不同层次的形式化模式上给出这些词汇（术语）和词汇间相互关系的明确定义，以支持领域内群体的协作与交流[40][41][42]。作为一种面向零件的网络化制造实现方式，协同制造链的构建与运行涉及广域范围内多个企业，不同企业之间存在着频繁的信息交换与共享。为了有效地实施零件异地协同制造，必须建立一个统一的本体模型，对零件网络化制造领域所涉及的对象、规则、目标、过程以及相关制造概念进行公共的、知识化的描述，并且采用一定的概念框架和描述语言加以表示，以利于网络化制造相关知识在不同企业之间实现共享。本书把该本体模型称为网络协同制造本体，网络协同制造本体刻画了网络化制造领域内相关对象间的知识性联系，使协同制造任务与制造服务能够以统一的描述格式加以建模描述，为实现协同制造链打下了坚实的基础。

二、网络协同制造本体的建立方法

本体的建立，一定要掌握清晰明确的方法、步骤，否则会造成系统知识混乱，导致知识定义冗余，知识查询复杂，系统性能降低，更严重的情况是本体系统无法使用。当前，本体的建立还没有普遍适用的工具[43]，建立本体大部分还是采用手工方式，远远没有成为一种工程性的活动，多数文献仅仅提出了建立本体的骨架性方法[44][45][46]，缺少大家都认同和遵循的开发方法，每个本体开发组都有自己的原则、设计标准和定义的开发阶段。综合来看，目前比较典型的本体开发模式主要有“Uschold”模式[40][43][47]、“Gruninger AND Fox”模式[45]、“Methontology”模式[48][49]、“Berneras Etalial”模式[50]等几种。本书在总结、分析、比较上述四种模式的基础上，综合各种模式的优点，提出了网络协同制造本体构建的一般方法，该方法包括指导原则和建立步骤两个部分。

（一）网络协同制造本体建立指导原则

建立本体没有唯一的、普适的方法。项目的实际情况和本体建立者的思维习惯直接影响了本体建立方法的选择[51]。无论选用哪种方法，其实建立本体最基本的任务就是两条：①抽取并定义领域内的概念；②说明概念间的关系。其他的内容都是根据创建实体的实际需要而附加的。本体中出现的概念应当尽量取自领域中存在的实物（称为“物理对象”）或者是人们经常谈到或想到的抽象概念（称为“逻辑对象”）[52]。

本体的建立过程是一个循环往复的过程，它更接近于软件开发的“原型模型”，而不是“瀑布模型”。当建立了本体的最初版本以后，应该在实际使用中不断修改本体，进行修改判断的依据就是本体解决问题的能力。本体修改是一个持续、连贯的过程，将贯穿本体的整个生命周期[53]。

（二）网络协同制造本体建立步骤

下面介绍网络协同制造本体的具体建立步骤，该步骤对建立其他领域的本体同样具有参考意义。

1. 确定本体的领域和范围

在本体建立之初，就必须明确该本体建立的目的和上下文。要明白我们应用该本体知识的领域范围；应用该本体知识的目的；该本体知识解决的问题是什么；由谁使用和维护该本体知识。

2. 确定本体的表示方法和描述语言

根据第一步中确定的本体内容和构建目的，选择合适的本体表示方法，必要时甚至需要一开始就决定选用哪种具体的描述语言。

3. 列举领域内我们可以用到的概念集

列举领域内我们使用频率最高的词汇（术语）。在领域概念集中，类和属性是同等重要的。例如在定义“机床”的时候，相关概念有：数控机床、轴数、行程、工作台尺寸等，其中轴数、行程、工作台尺寸均为机床的属性。

4. 定义类及其层次结构关系

采用 top – bottom（自顶向下）、bottom – top（自底向上）或者二者相结合的方法定义领域内所包含的类。我们选择词条来表达那些可以独立存在的对象，这些词条就是我们定义的类。然后我们把它们按照一定的层次关系组织起来。

5. 定义类的属性

只有类并不能满足我们对“能力”的要求，我们还要定义它们的内部结构。我们可以从已定义的类中选择出我们需要进一步定义的概念，然后定义其属性。例如在定义“数控车床”的时候，其属性就有：轴数、加工方式、控制器类型、操作系统类型、最大工件重量、最大工件长、最大工件直径、最大进给率、主驱动功率、主轴转速、工作台尺寸、刀库容量等。同样，对于每一种属性我们必须指出其描述的类，只有和具体的类相关联，属性才有意义。

6. 本体形式化

在完成类和属性的定义后，我们应该使用本体描述语言形式化表示上述概念和关联。

7. 本体评价

对建立的本体进行评价，如果这些本体足以回答所有本体能力问题，则相对于这些问题的本体是完备的，否则需要定义新的概念及其关联关系。

三、网络协同制造本体描述语言

领域本体是对给定的应用领域中存在的特性的一种详细的特征化描述。这种特征应使用一定的语言进行描述。因此，本体描述语言在本体获取与建立过程中起着非常重要的作用，本体依赖于所采用的语言。按照表示和描述的形式化程度不同，本体描述语言可以分为完全非形式化的、半形式化的和严格形式化。本体形式化程度越高，越有利于计算机进行自动处理。

本体描述语言起源于历史上人工智能领域对知识表示的研究，主要有以下语言或环境：KIF[54] 与 Ontolingua[55]、OKBC（Open Knowledge Base Connectivity）[56]、OCML（Operational Conceptual Modeling Language）[57]、Frame Logic[58]、LOOM[59]等。近年来，Web 技

术为全球信息共享提供了便捷手段，以共享为特征的本体论与 Web 技术结合是必然趋势。在此背景下，基于 Web 标准的本体描述语言正成为本体论研究和应用的热点，如 SHOE、OML（Ontology Markup Language）[61]、XOL（XML-based Ontology-exchange Language）[62]等。在标准方面，由 W3C 主持制定的 RDF 和 RDF Schema 是建立在 XML 语法上，以语义网络（Semantic Networks）为理论基础，对信息资源进行语义描述的语言规范。RDF 采用“资源”（Resources）、“属性”（Properties）以及“声明”（Statements）三元组来描述事物，是一个关于对象（或资源）和它们之间关系的数据模型。RDF Schema 则对 RDF 做了进一步扩展，采用了类似框架的方式，通过添加 rdfs：Class、rdfs：subClassOf、rdfs：subPropertyOf、rdfs：domain、rdfs：range 等原语，对类、父子类、父子属性以及属性的定义域和值域等进行了定义和表达。这样，RDF（S）就成为一个能对本体进行初步描述的标准语言。然而，本体描述语言要走向通用，还需解决一些重要问题，如对推理的有效支持、正规和充足的语义表示机制以及标准化问题，这将依靠基于描述逻辑的本体语言的发展。

描述逻辑[65]是近 20 多年来人工智能领域研究和开发的一个相当重要的知识表示语言，目前正被广泛应用于本体描述。这里，“描述”是指对一个领域知识采用描述的方式表达，即利用概念和规则构造符将原子概念（一元谓词）和原子规则（二元谓词）构建出描述表达式；“逻辑”是指 DL 采用了正规的基于逻辑的语义，这与语义网络以及框架逻辑等知识表示机制是不同的。例如，用描述逻辑描述“1 个男人与 1 位医生结婚，他们至少有 3 个孩子，并且这些孩子都是教授”这一语义如下：

$$Human \sqcap Female \sqcap \exists married.Doctor \sqcap (\geqslant 3 hasChild) \sqcap \forall hasChild.Professor$$

描述逻辑具有良好的语义和表示能力，同时具备基于逻辑的推理能力并且能够保证计算复杂性和可判定性。因此，其在很大程度上满足和代表了新一代本体描述语言发展的要求，最近几个主要的

Web 本体语言，如 OIL[66]，DAML + OIL[67]以及已成为 W3C 国际标准的 OWL [68]就是建立在描述逻辑的基础上，下面对 OWL 进行简要介绍。

OWL 是 W3C 一系列与语义 Web 相关的规范之一。OWL 建立在 XML/ RDF 等已有标准基础上，通过添加大量的基于描述逻辑的语义原语来描述和构建各种本体。OWL 有三个表达能力递增的子语言：OWL Lite、OWL DL 和 OWL Full。OWL Full 与 RDF 保持了最大程度的兼容，具有最大的表示能力，但不能保证计算性能；OWL DL 以描述逻辑为基础，在不失掉计算完全性和可判定性的条件下，支持最大的表示能力；OWL Lite 则局限于对概念（类）的层次分类和简单的约束等进行描述。表 3 - 1 和表 3 - 2 总结了 OWL 的主要原语（构造符）及其所对应的描述逻辑表达和应用实例。

表 3 - 1 OWL 类构造符与描述逻辑语法的对应

OWL 类构造符	DL（描述逻辑）语法	示例
intersectionOf	$C_1 \cap \cdots \cap C_n$	$Man \equiv Human \cap Male$
unionOf	$C_1 \cup \cdots \cup C_n$	$Human \equiv Man \cup Woman$
complementOf	$\sim C$	$Thing \equiv \sim Nothing$
oneOf	$\{x_1, x_2, \cdots, x_n\}$	$Country \equiv \{China, Japan, \cdots, USA\}$
allValuesFrom	$\forall P. C$	$\forall hasAncestor. Jack$
someValuesFrom	$\exists P. C$	$\exists hasDegree. PhD$
Cardinality	$\equiv nP. C$	$\equiv 2hasChild. Boy$
maxCardinality	$\leqslant nP. C$	$\leqslant 1hasChild. Boy$
minCardinality	$\geqslant nP. C$	$\geqslant 3hasFriend. Engieer$

表 3 - 2 OWL 公理构造符与描述逻辑语法的对应

OWL 公理构造符	DL（描述逻辑）语法	示例
SubClassOf	$C_1 \subseteq C_2$	$Man \subseteq Human$
equivalentClass	$C_1 \equiv C_2$	$Human \equiv (Man \cup Woman)$
disjointWith	$C_1 \neq C_2$	$Cat \neq Dog$
SameIndividualAs	$\{x_1\} \equiv \{x_2\}$	$\{Tianxueying\} \equiv \{Lucy\}$

续表

OWL 公理构造符	DL（描述逻辑）语法	示例
differentFrom	$\{x_1\} \neq \{x_2\}$	$\{Jifeng\} \neq \{Tianxueying\}$
AllDifferent	$(\{x_1\} \not\subset \{x_2, x_3, \cdots, x_n\})$ $\cup (\{x_2\} \not\subset \{x_3, \cdots, x_n\})$ $\cup \cdots (\{x_{n-1}\} \not\subset \{x_n\})$	$(\{Jifeng\} \not\subset \{Tianxueying, Dongrong\})$ $\cup (\{Tianxueying\} \not\subset \{Dongrong\})$
subPropertyOf	$P_1 \subseteq P_2$	$hasSon \subseteq hasChild$
equivalentProperty	$P_1 \equiv P_2$	$postcode \equiv zipcode$
inverseOf	$P_1 \equiv P_2^-$	$hasChild \equiv hasParent^-$
SymmetricProperty	$P \equiv P^-$	$hasFriend \equiv hasFriend^-$
TransitiveProperty	$P^+ \subseteq P$	$hasAncestor^+ \subseteq hasAncestor$
FunctionalProperty	$T \subseteq \leqslant 1P$	$T \subseteq \leqslant 1hasName$
InverseFunctionalProperty	$T \subseteq \leqslant 1P^-$	$\mathrm{T} \subseteq \leqslant 1IDNumber^-$

如第二章所述，协同制造链建立在 Web 基础之上，它利用以互联网为标志的信息高速公路、将分布在不同地理位置的资源连接成一个有机的整体，实现信息交流和资源共享。因而从原则上来说，网络协同制造本体应该采用基于 Web 标准的本体描述语言，笔者在对各 Web 本体描述语言的特性进行比较分析后（见表 3－3），选取 OWL DL 作为网络协同制造本体的描述语言。因此，本书所构建的网络协同制造本体是基于 OWL DL 及其相关技术的知识表示和处理模型，是一个 Web 本体模型。表 3－4 是基于 OWL 语言的网络协同制造本体片段，其描述了 ManufacturingConcept 中表面粗糙度的概念。通过 OWL 子句“ < owl：Class rdf：ID = " 表面粗糙度" > ”定义了表面粗糙度的概念；通过 rdfs：subClassOf 构造符说明表面粗糙度是加工精度的子类；使用 owl：onProperty 概念，为表面粗糙度定义了一个属性：表面粗糙度值；并进一步使用 owl：Restriction 概念，说明该属性只能取一个值。

表 3－3　基于 Web 的本体描述语言特性比较

特性	SHOE	OML/CKML	RDF（S）	OIL	DAML + OIL	OWL
语法	HTML/XML	XML	XML	RDF/XML	RDF/XML	RDF/XML
正规语义	有	有	无	有	有	有
类的层次	支持	支持	支持	支持	支持	支持
Horn 逻辑	是	否	否	否	否	否
描述逻辑	否	否/是	否	是	是	是
谓词逻辑	否	否	否	否	否	否
类的相等	支持	支持	不支持	不支持	支持	支持
属性/谓词相等	支持	支持	不支持	不支持	支持	支持
实例相等	不支持	不支持	不支持	不支持	支持	支持
本体分布定义	支持	不支持	支持	支持	支持	支持
本体扩展	支持	不支持	支持	支持	支持	支持
本体版本修订	支持	不支持	不支持	不支持	不支持	支持
计算特性区分	无	有	无	有	无	有

表 3－4　基于 OWL 的网络协同制造本体片段

```
<? xml version = " 1.0"? >
<rdf: RDF xmlns = " http: //202.117.89.222/MSRegister/ManufacturingConcept.owl#" …… >
<owl: Ontology rdf: about = "" >
<owl: imports rdf: resource = " http: //202.117.89.222/MSRegister/Measurement.owl" />
</owl: Ontology >
<owl: Class rdf: ID = " 表面粗糙度" >
<rdfs: subClassOf >
<owl: Class rdf: ID = " 加工精度" />
</rdfs: subClassOf >
<rdfs: subClassOf >
<owl: Restriction >
<owl: cardinality rdf: datatype = " http: //www.w3.org/2001/XMLSchema#int" > 1 </owl: cardinality >
<owl: onProperty >
<owl: FunctionalProperty rdf: ID = " 表面粗糙度值" />
</owl: onProperty >
</owl: Restriction >
</rdfs: subClassOf >
</owl: Class >
…
```

四、基于 OWL - S 的网络协同制造本体

由本体的定义可知，本体提供了对领域知识的复用。例如，不同领域的模型需要描述时间符号，包括时间距离、时间点等。如果一个研究组织定义了一个细致描述时间的本体，其他组织和个人就可以把这个本体简单地应用到其他领域。网络协同制造本体的建立同样基于该思想，重点考虑重用与集成现有的本体。在协同制造链构建与运行过程中，网络协同制造本体主要用来实现协同制造任务与制造服务的语义建模描述。本书提出的制造服务概念主要借鉴了 Web 服务与网格服务的思想，因而，网络协同制造本体的建立也可以考虑基于现有的描述 Web 服务的上层本体进行。OWL - S[69] 是使用 OWL 语言定义的一种 Web 服务上层本体，本书通过扩展OWL - S，使其包含零件网络化制造领域的相关概念、关系和规则，从而构造出网络协同制造本体。

OWL - S 使用 OWL 构建了一个上层本体，描述了与 Web 服务相关的属性（Properties）、能力（Capabilities）以及执行结构（Execution Structures）等，目的是使计算机对服务可“理解”，以利于服务的发现、调用、互操作、组合、验证以及执行监控等。OWL - S 主要定义了 Web 服务三个方面的语义，如图 3 - 1 所示：类 Service 提供了声明 Web 服务的基础，每个服务都将对应于 Service 类的一个实例，presents、describedBy 和 supports 是 Service 类的三个属性；类 ServiceProfile、ServiceModel 和 ServiceGrounding 分别为上述三个属性的可取值，它们的细节因服务的不同而不同[69]。

由图 3 - 1 中可知，OWL - S 本体主要包括三个类：

1. ServiceProfile

描述服务是干什么的。它向搜寻服务的请求者提供服务的抽象描述，从而使其能够判断该服务是否满足需要，通常作为广告发布在服务目录中；同时，服务请求者也可使用 ServiceProfile 描述服务发现条件，从而使得服务发现过程中的匹配能够更加方便。Servi-

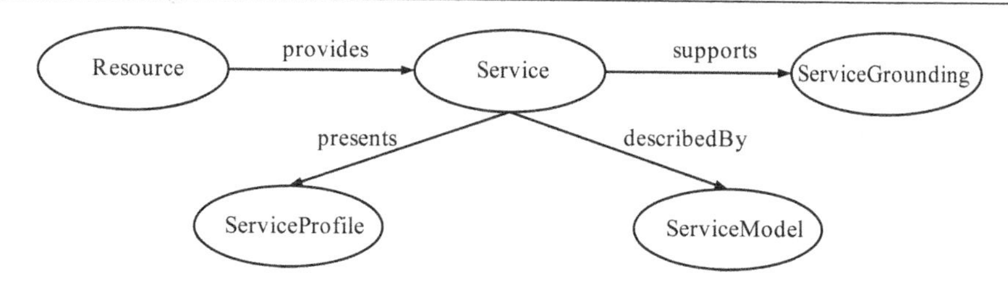

图3－1　OWL－S本体结构

ceProfile描述了服务的三个基本方面：服务提供者的信息、服务的功能和服务的其他特征。

2. ServiceModel

基于过程描述服务是如何工作的。这使得搜寻服务的请求者能够：①做进一步深入的分析以判断服务是否满足需求；②把多个服务的描述组合起来完成特定的任务；③在服务执行时协调各参与者的活动；④监控服务的运行。

3. ServiceGrounding

对应于技术层面，描述如何访问服务，包括网络协议、消息格式、串行化、传输和编址等。在这个层面通过指向WSDL（Web Services Description Language）文档，重用已有的服务描述，实现服务的调用和集成。

OWL－S的目标是表达高层次的服务能力和约束，是一个通用的Web服务描述本体，并没有专门考虑制造任务、制造能力层次上的描述需求，对于建立面向零件的网络化制造本体来说，这些内容还不够详细、不够专业，需要做适当补充和扩展以使其更符合协同制造链构建与运行的实际需要，满足协同制造链发起企业与制造服务提供商以标准的形式化方法建模协同制造任务与制造服务的需求。由前文本体建立步骤论述可知，构建本体首先需要确定本体的应用范围，本书确定以狭义制造范围内的金属切削加工领域为目标领域，建立网络协同制造本体。基于OWL语言的可扩展性，未来可以方便地对该本体进行扩展，使其满足各种不同制造领域。图3－2为网络协同制造本体的结构。

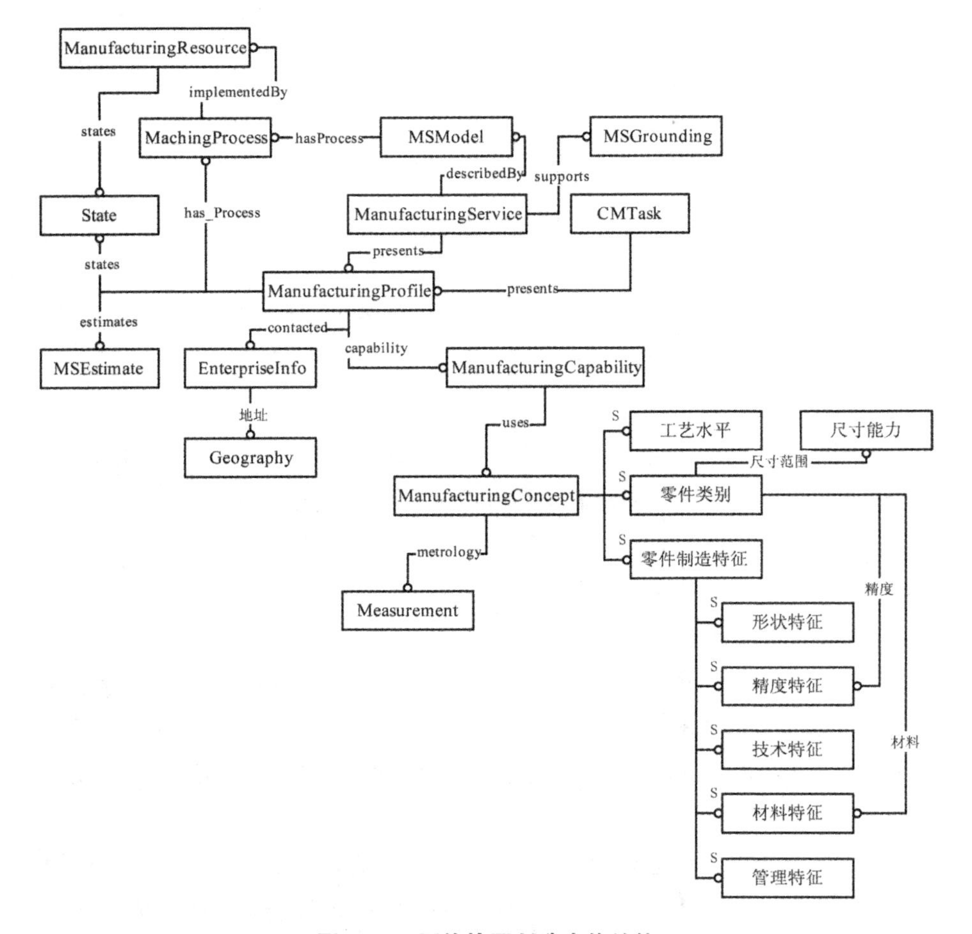

图 3 –2　网络协同制造本体结构

如图 3 –2 所示，网络协同制造本体主要包括以下 14 个类：

1. ManufacturingService

ManufacturingService 类是 OWL – S Service 类的子类，主要用于定义制造服务，制造服务的详细内容通过 ManufacturingProfile、MSModel 以及 MSGrounding 类进行详细描述。

2. CMTask

CMTask 类主要用于定义协同制造任务，对协同制造任务的描述与 OWL－S 中服务需求的描述相类似。在 OWL－S 中没有专门用于描述服务需求的类，而本书则定义了一个 CMTask 类专门用于表示协同制造任务，该类通过 presents 属性与 ManufacturingProfile 类的实例关联，基于 ManufacturingProfile 类描述包括协同制造任务能力需求（具体通过 ManufacturingCapability 类描述）在内的任务详细信息。

3. ManufacturingProfile

在网络协同制造本体框架中，ManufacturingProfile 类提供了一个完整的方式来详细描述制造服务提供商提供的制造服务以及协同制造链发起企业发布的协同制造任务。

ManufacturingProfile 类没有限定制造服务的表达形式，相反它通过 OWL－S Profile 的子类来描述特定的服务。ManufacturingProfile 类提供了一个表达制造服务的子类 Manufacturing。由前文论述可知，OWL－S Profile 将服务描述为一个具有三种类型信息的功能：哪个组织提供了该服务、该服务提供什么功能以及一组描述服务特征的属性。Manufacturing 类继承了上述功能，同时又定义了六个子类来描述不同的制造服务，分别是压力加工类、铸造类、焊接类、装配类、材料切削类、热处理类。Manufacturing 类中定义了 capability 属性用于详细描述服务的制造能力。此外，Manufacturing 类中还定义了 contacts 属性、estimates 属性以及 states 属性，分别用于描述制造服务提供商或协同制造链发起企业的基本信息、制造服务评价信息以及制造服务状态信息，其取值分别为 EnterpriseInfo 类、MSEstimate 类以及 State 类的实例。

4. ManufacturingCapability

ManufacturingCapability 类主要用于描述制造能力，包括制造服务的制造能力以及协同制造任务的制造能力需求，它主要用来支持在能力层次上完成基于语义的协同制造任务与制造服务的发现与匹配。本书所构造的本体主要面向金属切削加工领域，所以对金属切削加工领域的制造能力表述进行了进一步详细定义，制造能力主要通过工艺水平、制造特征、零件类别等属性反映，上述属性的取值分别为 ManufacturingConcept 类中对应子类的实例。

5. MSModel

MSModel 继承自 OWL－S 的 ServiceModel 类，描述了制造服务的过程模型（某一制造服务典型零件的具体加工实现过程），即“制造服务是如何完成一个零件制造特征加工过程的”。在网络协同制造本体模型中，MSModel 主要通过 hasProcess 属性与 MachiningProcess 类关联，并使用 MachiningProcess 类的实例对制造服务的过程模型进行详细描述。

6. MSGrounding

MSGrounding 继承自 OWL－S 的 ServiceGrounding 类，主要用于对制造服务的数据接口进行详细描述，指明与此制造服务数据接口进行信息交换时，应采用的具体通信协议以及所使用的消息等细节。这些细节主要包括协议和消息的格式、序列化、传输和定位等。所以一个 MSGrounding 可以看作从制造服务有关数据交换描述元素的抽象定义到具体实现的一个映射。

7. MachiningProcess

制造服务通常需要描述其对应的典型零件的加工过程，以便为协同制造链发起企业进行制造服务选择时提供参考。制造服务的加工过程包含了实现典型零件加工的加工方法以及加工顺序。MachiningProcess 类定义了切削加工领域的所有加工方法（如车、钻、铣、刨、磨、镗、齿轮加工、螺纹加工、特种加工等），并将其表示为 OWL－S AtomicProcess 类的子类，用以描述实现某典型零件加工的工艺过程中包含的每一道工步。对每一道工步，我们定义了 implementedBy 以及 keyProcess 这两个属性，用以描述该工步由何种资源（设备）完成以及是否为关键工步，implementedBy 的取值是 ManufacturingResource 类的实例。

8. ManufacturingResource

ManufacturingResource 类用来描述制造服务提供商完成某一加工过程所需的制造资源信息。ManufacturingResource 类包含了目前金属切削加工领域内所有机床、刀具、夹具、辅具的分类、参数以及相关属性。如金属切削机床分为车床、刨床、钻床、镗床、磨床等；刨床又可分为龙门刨床、单臂刨床、牛头刨床、刨边机、刨模机、数控刨床等；数控刨床则具有轴数、最大工件重量、最大工件长、最大工件宽、最大工件高、最大进给率、主驱动功率、主轴转速、工作台尺寸、主轴最大速度、主轴最大扭矩、进给速度、最大刀具直径、最大刀具长度、机床定位精度、工作台驱动力矩、行程范围、最大刨削长度、最大刨削宽度、最大刨削高度等参数。

9. ManufacturingConcept

用来描述与金属切削加工相关的概念及其关系，主要包括工艺水平、零件类别、零件制造特征等基本元素。其中，制造特征又分为管理特征、技术特征、精度特征、形状特征以及材料特征。管理特征描述了零件的基本信息；技术特征描述了零件的特殊工艺要求；精度特征则对尺寸精度、表面粗糙度、形位精度等基本概念及其关系进行了定义；形状特征则对常见的特征进行了归类，主要包括基体类、孔类、槽类、回转体类、凸起类、凹陷类、台阶类、倒边类、自定义类等。材料特征则对切削加工领域常见的材料及其牌号进行了定义。

10. MSEstimate

MSEstimate 类主要用于描述制造服务的评价信息，该类定义了与制造服务评价相关的交货及时性、成本、质量、服务、合作经验以及合作信誉等相关概念。

11. State

State 类主要用于描述制造服务以及制造资源的状态信息，定义了与状态相关的基本概念，如设备负荷状态、运行状态、刀具可用状态、刀具寿命、夹具及辅具可用状态以及当前的性能状态等。

12. Measurement

用来描述金属切削加工领域的度量标准，如有关长度、重量、功率、速度等度量单位。

13. EnterpriseInfo

EnterpriseInfo 是 OWL－S 中 Actor 类的子类，用来描述制造服

务提供商或协同制造链发起企业的基本信息，主要包括公司名称、地址、电话、网址、传真、电子邮件等属性。其中，地址的取值是 Geography 类的实例。

14. Geography

用来描述制造服务提供商所在的地理位置，该类主要用于为协同制造链构建过程中的制造服务排序阶段提供详细的地理信息。

第三节 基于网络协同制造本体的协同制造任务建模

一、协同制造任务的定义

由第二章论述可知，在协同制造链构建过程中，首先要建立零件的 COPP，COPP 是以零件制造特征为基础，在工艺知识和约束规则的支持下，通过逐层分解，形成的一系列协同制造任务及其相互关系的有序集合。因而，对协同制造任务的研究应该基于零件制造特征展开。

特征描述法[70][71][72][73]是适应 CAD/CAM 集成而产生的，它能够详尽地描述零件信息。为了完整地定义机械产品零件，一种方便的方法是把零件的结构和工艺信息按其性质划分成一些信息集合，这些信息集合就称为特征。特征可以分为设计特征与制造特征。特征如果由设计者应用来设计产品，则这些信息集合称为设计特征，如零件的长方体、孔、槽等。对于编制加工工艺规程来说，所关心的是零件上待加工表面的信息。如一个长方体零件，它的六个平面、一个槽和两个孔均可由机械加工成形，按特征概念，它们是零件的制造特征。为了描述这些特征，必须进一步给出每个特征的尺寸、形状、精度及材料特性，所以制造特征又可进一步划分为形状、精度和材料等特征。此外，在编制工艺规程时，还需要待加工表面的名称、专用工具代号以及一些相关的生产管理信息等，这些称为辅助信息集合，简称辅助信息。一个零件的制造特征大部分可以由设计特征转换而来，而辅助信息则是制造特征所特有的。从总体上来说，零件制造特征可以分为形状特征、精度特征、材料特征、技术特征、管理特征这五类。

为了有效地完成网络化制造环境下零件的异地协同制造过程，协同制造任务的定义不但应该强调与设计活动和制造方法有关的几何实体，同时还应该包括零件结构、几何精度、材料、生产管理等，即应以零件的制造特征为基础进行定义。本书以制造特征为基本单元，使用面向对象的方法[80][81][82]对零件制造特征信息进行封装描述，认为协同制造任务是一个经过封装的零件制造特征集合体。根据实际情况以及零件制造、检测和调度的需要，协同制造任务包括的制造特征可多可少，可由一个制造特征构成，也可由整个零件的所有制造特征构成。故本书定义协同制造任务为：

协同制造任务是零件网络化制造过程中的功能属性集合体，是根据零件异地制造、质检要求和调度方便，把性质相同或制造过程中密切相关的一个或多个相关制造特征组合在一起而构成的单元整体。其可形式化表达为一个多元组：

$$CMTask = \{TaskInfo, PartType, ManuFeature_1, ManuFeature_2, \cdots, ManuFeature_n\}$$

其中，$CMTask$ 表示协同制造任务，$TaskInfo$ 表示任务总体信息，$PartType$ 表示该协同制造任务属于何种类型零件，$ManuFeature$ 表示该零件的制造特征。

二、协同制造任务描述模型

协同制造链是在协同制造任务驱动之下形成的，为了快速、有效地构建协同制造链，必须建立起协同制造任务模型以对其进行正确、合理的描述。制造任务的类型多种多样，零件切削加工、零件热处理、塑料件注塑加工、冲压件生产、快速原型加工等都可以作为协同制造链中的制造任务。对于每一种类型的制造任务，其任务本身的特征模式和对加工能力的需求模式都不尽相同。因此，对于协同制造链来说，由于加工任务的多样性，使得加工任务的描述变得十分复杂。本书选择以金属切削加工为主的零件制造类任务为研究对象，开展协同制造任务描述模型的研究和探讨。基于协同制造任务的定义，本书以制造特征分类为前提，以制造特征为基本单元，建立了如图 3 –3 所示的协同制造任务描述模型。

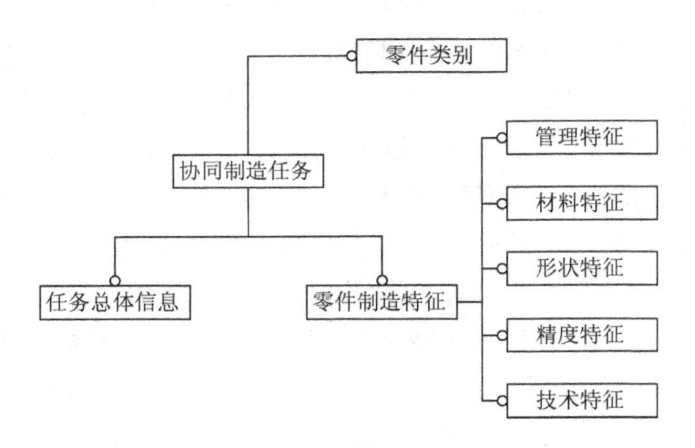

图 3 –3　协同制造任务描述模型

由图 3 –3 可知，协同制造任务主要从任务总体信息、零件类别和零件制造特征三个方面进行描述。任务总体信息主要包括任务名称、任务编号、任务主题、任务关键词、要求完工期、协同制造链发起企业信息等。零件类别则包括回转体、箱体、板件等。零件制造特征又可以分别从以下几个方面进行描述：

1. 管理特征

零件的管理特征主要描述零件的总体信息和标题栏信息，如生产批量（产品批量）、零件名称、图号、零件的轮廓尺寸（最大直径、最大长度）、重量、件数等信息。

2. 材料特征

材料特征信息主要包括材料名称、牌号、热处理方式等。

3. 形状特征

形状特征信息主要包括几何属性信息，此外还包括精度、关系等属性的索引信息，它反映零件的形状结构和功能。几何属性用来描述形状特征的公称几何体，包括形状特征本身的几何尺寸以及形状特征的定位坐标和定位基准。

4. 精度特征

精度特征信息主要包括：

（1）精度规范信息：包括公差类别、精度等级、公差值和表面粗糙度。尺寸公差包括公差值、上偏差、下偏差、公差等级、基本偏差代号等。几何公差包括形状公差和位置公差。

（2）实体状态信息：指最大实体状态和最小实体状态，主要针对形状公差。

（3）基准信息：对于关联几何体，则必须具有基准信息。

5. 技术特征

技术特征信息主要描述零件和特征的特定加工方法（如配钻、配铰）、局部热处理方式、未注圆角半径等技术要求以及可进刀方向等。根据具体零件结构和功能要求的不同，技术特征所包含的信息内容差别很大，故技术特征应根据具体情况进行具体描述。

三、基于网络协同制造本体的协同制造任务语义化描述

建立协同制造任务描述模型后，即可基于该模型进行协同制造任务的描述。如前文所述，本书基于网络协同制造本体并使用OWL语言对协同制造任务进行建模描述，采用该方法生成的协同制造任务模型是一个严格形式化的计算机可处理模型。本节主要通过实例来论述协同制造链发起企业如何基于网络协同制造本体进行

协同制造任务的语义化描述。表 3－5 为某型号航空发动机关键零件精铣结合面这一协同制造任务的 OWL 描述片段。

表 3－5　某型号航空发动机关键零件协同制造任务描述实例

```
<? xml version = " 1.0" encoding = " GB2312"? >
<rdf: RDF xmlns: owl = " http: //www. w3. org/2002/07/owl#" …… >
<owl: Ontology rdf: about = "" >
<owl: imports rdf: resource = " http: //202. 117. 89. 222/MSRegister/ManufacturingProfile. owl" />
…… </owl: Ontology >
<CMTask rdf: ID = " 精铣结合面" >
<has_ TaskInfo rdf: resource = " #精铣结合面_ 任务总体信息" />
<has_ mgrFeature rdf: resource = " #精铣结合面_ 管理特征" />
<has_ tecFeature rdf: resource = " #精铣结合面_ 技术特征" />
<presents rdf: resource = " #精铣结合面_ Profile" />
</CMTask >
<MProfile: 材料切削 rdf: ID = " 精铣结合面_ Profile" >
<MProfile: capability rdf: resource = " #前机匣精铣结合面_ 制造能力需求" />
<MProfile: contacts rdf: resource = " #××航空发动机公司_ 企业信息" />
</MProfile: 材料切削 >
<任务总体信息 rdf: ID = " 精铣结合面_ 任务总体信息" >
<要求工期 rdf: datatype = " http: //www. w3. org/2001/XMLSchema#int" >5 </要求工期 >
<协同制造链发起企业信息 >
<EnterpriseInfo: 企业信息 rdf: ID = " ××航空发动机公司_ 企业信息" >
……
</EnterpriseInfo: 企业信息 >
</协同制造链发起企业信息 >
<任务关键词 rdf: datatype = " http: //www. w3. org/2001/XMLSchema#string" >精铣 </任务关键词 >
<任务名称 rdf: datatype = " http: //www. w3. org/2001/XMLSchema#string" >精铣结合面 </任务
名称 >
<任务编号 rdf: datatype = " http: //www. w3. org/2001/XMLSchema#string" >410. S10. 15. 3061.
2005 </任务编号 >
<任务主题 rdf: datatype = " http: //www. w3. org/2001/XMLSchema#string" >精铣结合面 </任务
主题 >
</任务总体信息 >
<MConcept: 管理特征 rdf: ID = " 精铣结合面_ 管理特征" >
<MConcept: 重量单位 rdf: resource = " http: //202. 117. 89. 222/MSRegister/Measurement. owl#千
克" />
<MConcept: 最大直径 rdf: datatype = " http: //www. w3. org/2001/XMLSchema#float" >×× </
MConcept: 最大直径 >
<MConcept: 长度单位 rdf: resource = " http: //202. 117. 89. 222/MSRegister/Measurement. owl#毫
米" />
```

续表

```
<MConcept: 重量 rdf: datatype = " http: //www. w3. org/2001/XMLSchema#float" > × × </MConcept: 重量>
<MConcept: 最大长度 rdf: datatype = " http: //www. w3. org/2001/XMLSchema#float" > × × </MConcept: 最大长度>
<MConcept: 图号 rdf: datatype = " http: //www. w3. org/2001/XMLSchema#string" > S10. 15. 3060/3061 </MConcept: 图号>
<MConcept: 件数 rdf: datatype = " http: //www. w3. org/2001/XMLSchema#int" > 5 </MConcept: 件数>
<MConcept: 零件名称 rdf: datatype = " http: //www. w3. org/2001/XMLSchema#string" > × × 型号前机匣 </MConcept: 零件名称>
</MConcept: 管理特征>
<MConcept: 技术特征 rdf: ID = " 精铣结合面_ 技术特征" >
<MConcept: 其他技术要求 rdf: datatype = " http: //www. w3. org/2001/XMLSchema#string" > 加工前检查两侧结合面垂直度, 找出最低点位置 </MConcept: 其他技术要求>
</MConcept: 技术特征>
<MCapability: 制造能力 rdf: ID = " 前机匣精铣结合面_ 制造能力需求" >
<MCapability: 形状特征>
<MConcept: 平面 rdf: ID = " 前机匣结合面" >
<MConcept: 精度能力>
<MConcept: 平面度 rdf: ID = " 前机匣结合面_ 平面度" >
<MConcept: 主参数度量单位 rdf: resource = " http: //202. 117. 89. 222/MSRegister/Measurement. owl#毫米" />
<MConcept: 公差等级 rdf: datatype = " http: //www. w3. org/2001/XMLSchema#string" > 6 </MConcept: 公差等级>
<MConcept: 偏差度量单位 rdf: resource = " http: //202. 117. 89. 222/MSRegister/Measurement. owl#毫米" />
<MConcept: 公差 rdf: datatype = " http: //www. w3. org/2001/XMLSchema#float" > × × </MConcept: 公差>
<MConcept: 主参数下限 rdf: datatype = " http: //www. w3. org/2001/XMLSchema#float" > × × </MConcept: 主参数下限>
</MConcept: 平面度>
</MConcept: 精度能力>
<MConcept: 精度能力>
<MConcept: 垂直度 rdf: ID = " 前机匣结合面_ 垂直度" >
<MConcept: 主参数度量单位 rdf: resource = " http: //202. 117. 89. 222/MSRegister/Measurement. owl#毫米" />
<MConcept: 偏差度量单位 rdf: resource = " http: //202. 117. 89. 222/MSRegister/Measurement. owl#毫米" />
<MConcept: 公差 rdf: datatype = " http: //www. w3. org/2001/XMLSchema#float" > × × </MConcept: 公差>
```

续表

```
<MConcept: 主参数下限 rdf: datatype = " http: //www. w3. org/2001/XMLSchema#float" > × ×
</MConcept: 主参数下限 >
<MConcept: 公差等级 rdf: datatype = " http: //www. w3. org/2001/XMLSchema # string" >7 </
MConcept: 公差等级 >
</MConcept: 垂直度 >
</MConcept: 精度能力 >
</MConcept: 平面 >
</MCapability: 形状特征 >
<MCapability: 零件类别 >
<MConcept: 盘套类 rdf: ID = " 前机匣" >
<MConcept: 长度单位 rdf: resource = " http: //202. 117. 89. 222/MSRegister/Measurement. owl#毫
米" />
<MConcept: 内径 rdf: datatype = " http: //www. w3. org/2001/XMLSchema#float" > × × </MCon-
cept: 内径 >
<MConcept: 长 rdf: datatype = " http: //www. w3. org/2001/XMLSchema#float" > × × </MCon-
cept: 长 >
<MConcept: 外径 rdf: datatype = " http: //www. w3. org/2001/XMLSchema#float" > × × </MCon-
cept: 外径 >
<MConcept: 零件材料 >
<MConcept: 耐热钢 rdf: ID = " 前机匣材料" >
<MConcept: 牌号 rdf: datatype = " http: //www. w3. org/2001/XMLSchema # string" > × × </
MConcept: 牌号 >
</MConcept: 耐热钢 >
</MConcept: 零件材料 >
</MConcept: 盘套类 >
</MCapability: 零件类别 >
<MCapability: 加工类型 >
<MProcess: 精铣 rdf: ID = " 精铣平面" />
</MCapability: 加工类型 >
</MCapability: 制造能力 >
</rdf: RDF >
```

对该描述片段进行分析可知，用户首先基于 CMTask 类定义了一个协同制造任务——精铣结合面。该任务的任务总体信息由资源（使用 rdf：resource 表示，以下皆同）“#精铣结合面_ 任务总体信息”描述，管理特征由资源“#精铣结合面_ 管理特征”描述，技术特征由资源“#精铣结合面_ 技术特征”描述，制造能力需求则通过资源“#精铣结合面_ Profile”的“#前机匣精铣结合面_ 制造能力需求”进行描述。

资源“#精铣结合面_ 任务总体信息”描述了该协同制造任务的总体信息，主要包括公司的联系信息（示例中已略去）以及任务的名称、编号等。例如，该零件的名称为××型号前机匣，共生产5件，零件毛坯最大长度为××毫米、最大直径为××毫米、重量为××公斤。资源“#精铣结合面_ 技术特征”则描述了该零件的额外技术要求，如“加工前检查两侧结合面垂直度，找出最低点位置”。

资源“#前机匣精铣结合面_ 制造能力需求”详细描述了该协同制造任务的制造能力要求。首先，通过 OWL 子句“<MConcept: 平面 rdf: ID =" 前机匣结合面" >”说明该任务形状特征为平面，并基于此定义了任务的加工精度要求，分别为：平面度 6 级精度、垂直度 7 级精度；其次，通过 OWL 子句“<MConcept: 盘套类 rdf: ID =" 前机匣" >”说明该零件属于盘套类零件，并基于此定义了该零件的尺寸，分别为：内径为××毫米、外径为××毫米、长度为××毫米；再次，还通过 OWL 子句“<MConcept: 耐热钢 rdf: ID =" 前机匣材料" >”定义了该零件的材料为耐热钢，牌号为 TC14；最后，通过 OWL 子句“<MProcess: 精铣 rdf: ID =" 精铣平面" />”定义该任务的加工类型为精铣。

第四节　基于网络协同制造本体的制造服务建模

一、协同制造单元与制造服务

制造资源是企业完成产品全生命周期所有生产活动的物理元素总称[74]，制造资源贯穿产品生产全过程。在产品生产过程中，对于制造资源以什么方式进行组织是非常重要的。传统制造模式下，制造活动被限制在一个企业的内部，这与协同制造链运行环境不同，后者强调的是以网络化制造动态联盟的形式组织生产，制造活动不再被限制在一个企业内部，而是跨企业的。因此，在协同制造链构建过程中，合理组织制造资源显得尤为重要，因为其不但要支持传统意义上的制造活动，还应该支持协同制造链这一面向零件的网络化制造实现方式的构建与运行。

制造单元是一种具有相对独立加工功能的逻辑或物理实体[189]。国内外学者提出了成组制造单元、柔性制造单元、独立制造岛、智能制造单元和敏捷制造单元等概念，各种制造单元的需求、目标和特征都各不相同。针对协同制造链构建的具体需求，本书提出了协同制造单元的概念，并以协同制造单元为基础对制造资源进行聚合。协同制造单元是协同制造链的基本物理组成元素，是能够承诺提供至少一类制造服务的制造单元，它可定义为：由一台计算机管理的加工设备（或设备组）、加工技术、操作人员、应用软件及其信息资源等组成的生产实体，协同制造单元隶属于一个企业（本书将该企业称为制造服务提供商），而一个企业则可以拥有多个协同制造单元，协同制造单元定义如图 3 –4 所示。每个协同制造单元均可看作一个人员、技术和设备综合集成的实体，它包括机床、相关人员、技术、刀具、夹具、辅具、应用软件及其相互之间的关系。通过它们之间的有机组合和协调，从而最大限度地发挥协同制造单元的能力。在零件制造过程中，协同制造单元是一个能动因素，具有一定的自治功能，能够主动地参与构建协同制造链，实施网络化制造。

由图 3 –4 可知，协同制造单元的内部构成因素较多，管理过程烦琐。如果从整个制造系统的角度出发，直接参与单元内部的制造过程，将会使协同制造链的构建与运行变得非常复杂，难于协调和标准化。

Web 服务架构[75]以及 OGSA（Open Grid Service Architecture，OGSA）的网格服务[76][77][78][79]思想为本书解决该问题提供了很好的

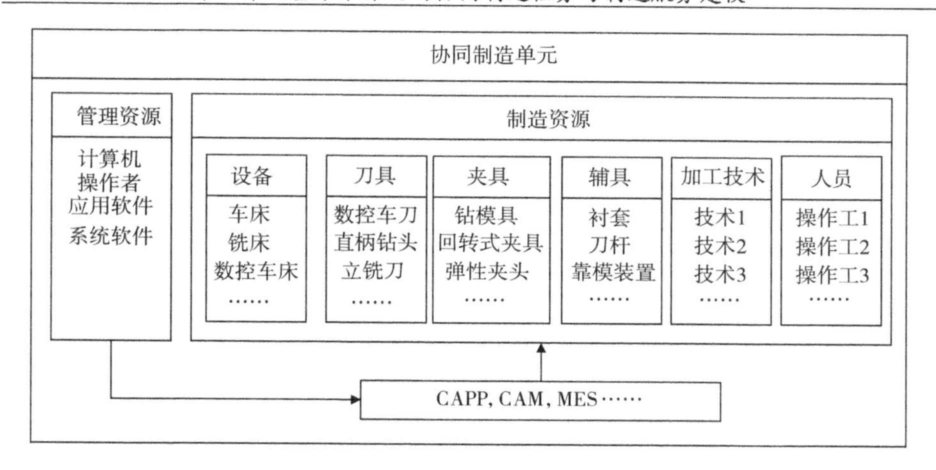

图 3－4　协同制造单元定义

启发。显然，将协同制造单元虚化为一种服务来提供是一种理想的解决方案。服务可以将复杂的过程和功能进行封装，从而最大程度地方便客户实现这些过程和使用这些功能。基于此，本书认为可以将协同制造链物理组成元素——协同制造单元映射成一个个相互协作的服务对象，利用信息隐藏机制，将其内部资源（如设备资源、软件资源、技术资源、人力资源等），连同其中的计划过程、调度过程、管理过程等一起封装起来，使其内部的实现细节不为外界所知，而协同制造单元本身仅通过接口与外界进行联系，完成相应的制造任务，其结构如图 3－5 所示。

最后，给出本书所提出的制造服务的定义，由图 3－5 可知，制造服务可以简单地定义如下：

制造服务 ＝ 接口 ＋ 服务数据 ＋ 零件物料 ＋ 协同制造单元

制造服务是以协同制造单元为基础面向零件网络化制造的中间环节，采用制造服务这种模式描述企业的制造能力，可以避开复杂多样的具体资源形态，从而给协同制造链的构建带来很大方便。

二、制造服务描述模型

在协同制造链模式下，制造加工的性质是分散的网络化制造，

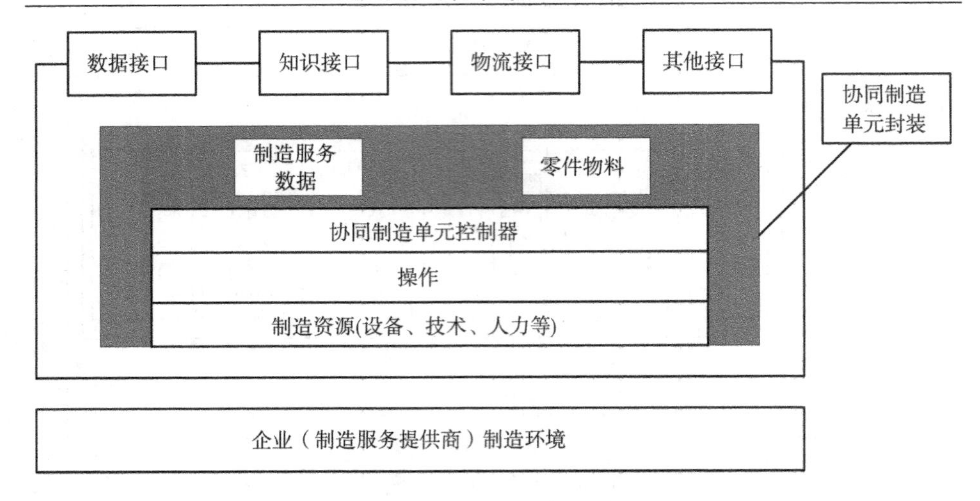

图 3－5　制造服务结构

制造服务虽然在物理上相对固定（每一个制造服务对应一个企业内部的协同制造单元），但在使用上是动态的、随机的，制造服务信息控制着整个协同制造链系统的运行，是实现整个协同制造链系统的最重要的支持信息。综合协同制造链构建与运行的整个过程，无论是制造服务的发现与匹配还是制造服务的优化选择与排序都离不开制造服务信息。因此，要想实现制造任务与制造服务合理有效的匹配并协调地运作协同制造链，就必须建立一个统一的制造服务模型对制造服务信息进行描述。制造服务建模的目标就是要实现对企业内部协同制造单元信息的抽象和形式化描述，建立一个通用的、能及时反映制造环境动态多变特性，提供协同制造链全生命周期各阶段所需信息，而又独立于任何应用的描述模型。

制造服务的概念是为了适应零件网络化制造的需求而提出的，它的建模要求与一般制造资源信息的建模要求不同。一般制造资源信息建模所面对的是一个企业内部的行为，强调企业内部制造资源的表达，从而实现企业内部制造资源的计划和管理。协同制造链是跨企业的合作制造，这与传统制造模式有着本质的不同，必须在制造服务建模上表现出来。本书采用面向对象的方法并结合协同制造链的特点研究制造服务建模，经过分析，笔者认为制造服务应该从概括信息、制造能力信息、物理构成信息、状态信息、制造服务评价信息等几方面来考虑其建模，本书提出的制造服务描述模型如图3－6所示。

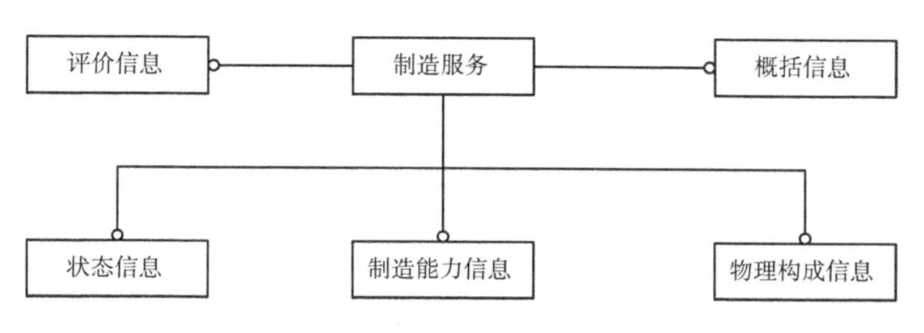

图3－6　制造服务描述模型

（一）制造服务概括信息

制造服务概括信息主要反映制造服务提供商（企业）的基本情况，通过对制造服务概括信息的评价，可以了解制造服务提供商的总体情况，便于工艺人员从总体上把握制造服务提供商的制造能力。它一般包括如下内容：制造服务提供商（企业）名称、地理位置、企业性质、主要产品、质量保证、人员组成、联系方式等。

（二）制造服务物理构成信息

如前文所述，在实际生产过程中，协同制造链通过协同制造单元对加工设备、刀具、工装等制造资源进行组织，制造服务是协同制造单元面向零件网络化制造的虚化。协同制造单元是处于同一位置，能够完成特定功能的物理资源的集合。所以对于制造服务物理构成信息的描述，应该从协同制造单元的物理资源构成方面考虑，主要描述组成协同制造单元的资源物理结构和特性参数。

制造服务物理构成信息模型如图3－7所示，主要从设备、刀具、夹具以及辅具等几个方面展开描述，包括以下三方面信息：①资源基本信息，如资源对象的名称、标识号、参数等，对于设备来说主要包括设备名称、类型、型号、材质、数控设备（是否）、主轴数量、联动轴数量、设备承载、主轴转速、电机功率、生产厂商、额定使用年限、购买时间、设备成本、月折旧费、出厂编号、外形尺寸、设备净重、保养周期、注意事项等；②能力信息，主要用于描述设备资源的加工能力，包括加工精度、工作台尺寸、工作行程、工作台承载量、自动化程度等；③状态信息，主要反映资源对象的动态特性，采用制造系统中所有资源时间上的约束来表示。根据调研，设备状态主要包括负荷状态和运行状态，刀具状态则包括刀具当前是否可用以及刀具的剩余寿命等，夹具及辅具状态主要指夹具或辅具是否可用以及当前的性能状态等。

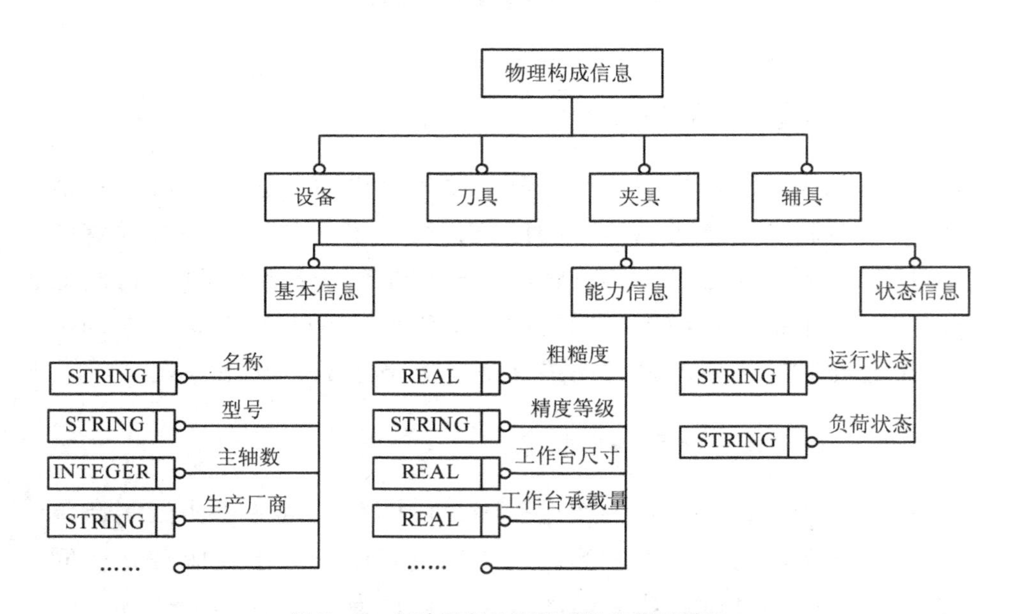

图3－7　制造服务物理构成信息描述模型

（三）制造能力信息

制造服务的制造能力信息是制造服务为了支持协同制造链运行而提供的有关完成某一具体加工过程的允许、操作、控制或处理的性能尺度，制造服务的发现与匹配主要基于制造能力信息进行。通常情况下，企业的主要产品是其加工能力的直观体现，制造服务可能具有某种加工能力，但还没有以具体产品形式直观体现出来。为了能够准确反映制造服务的加工能力，需要结合零件及其制造特征进行制造服务能力建模。制造服务的能力信息描述模型如图 3 - 8 所示。

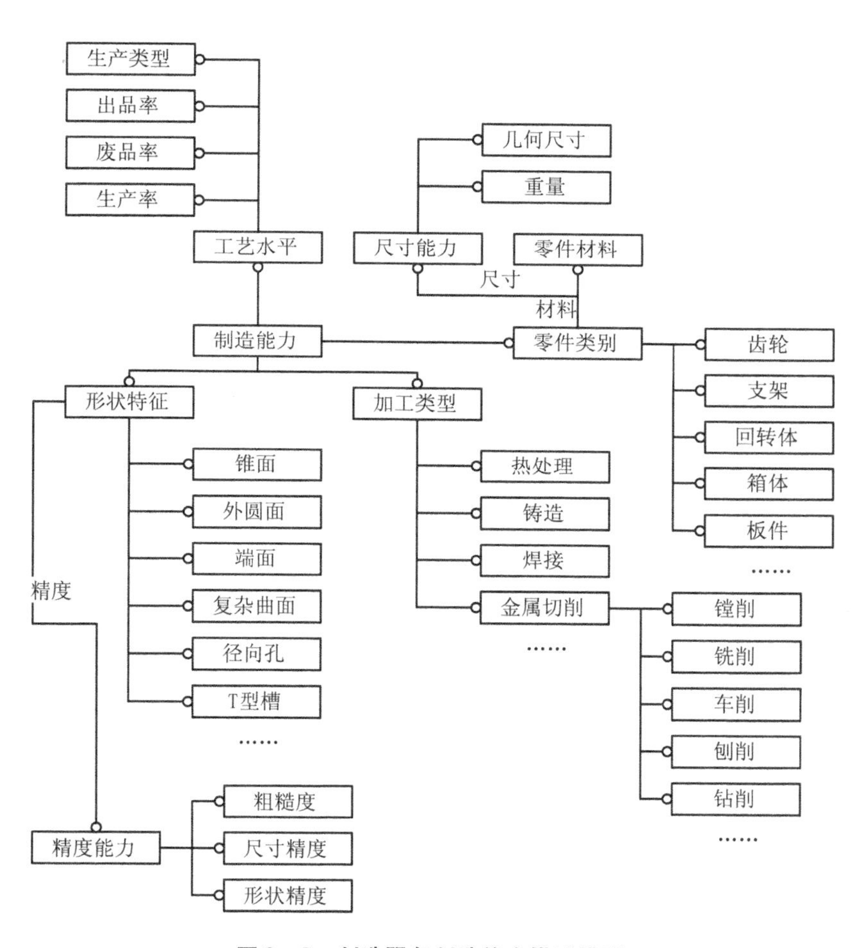

图 3 -8 制造服务制造能力描述模型

由图 3 - 8 可知，制造服务的制造能力可以用以下信息描述：①制造服务可以加工的零件类别（如齿轮、连杆、箱体、回转体、板件等)；②制造服务可以加工的形状特征（如锥面、外圆、内孔、端面、外方锥、轴向孔、径向孔、台阶轴、复杂曲面等）；③制造服务加工类型（切削、焊接、热处理等），对于每一种加工类别，又有许多种不同加工方法；④零件类别——零件材料对应信息，反映制造服务可加工的材料；⑤制造服务对不同零件类别的尺寸生产能力，通过可加工的零件大小、重量范围来描述；⑥制造服务的加工精度能力，通过制造服务可达到的加工精度等级来描述；⑦工艺水平，反映制造服务的制造工艺水平。工艺水平是设备能力、管理能力和技术人员思想的有机结合，通过生产率、废品率、出品率、生产类型来表达，其中生产类型指单件、小批量、中批量、大批量以及大量生产。

（四）状态信息

制造服务的工作状态信息（见图 3 –9）反映了制造服务所封装的协同制造单元中设备的当前使用情况以及设备利用率，根据设备的当前运行负荷状态检索出各种工作状态下的设备，从而从总体上反映制造服务的工作状态，为制造服务选择提供参考。

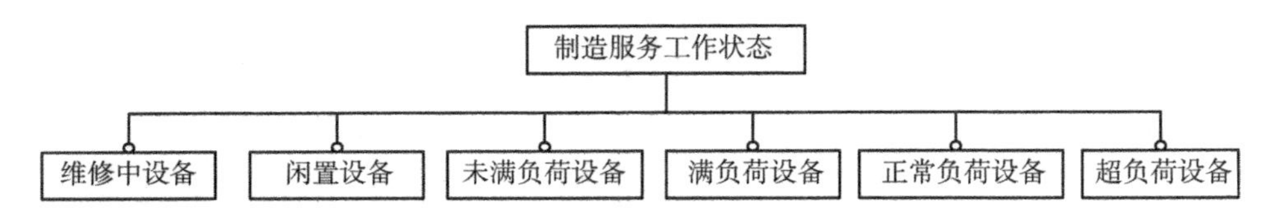

图 3 –9　制造服务工作状态信息

（五）评价信息

制造服务评价信息是协同制造链发起企业在协同制造链解散后，根据每一个制造服务在协同制造链中的执行状况对制造服务的客观评价数据，它反映了制造服务在同类型服务中的地位和等级，可以为未来协同制造链发起企业选择该制造服务时提供参考，主要包括交货及时性、成本、质量、服务、合作经验以及合作信誉等方面的评价信息。

三、基于网络协同制造本体的制造服务语义化描述

建立制造服务描述模型后，就可以基于网络协同制造本体使用 OWL 语言对其进行形式化建模描述。本节主要通过实例来论述如何基于网络协同制造本体进行制造服务的语义化描述。表 3－6 为某制造服务定义的 OWL 描述片段，该片段基于 ManufacturingService 类定义了一个制造服务："西北工业大学集成制造实验室铣削加工服务"。由前文网络协同制造本体结构可知，制造服务的详细信息通过 ManufacturingProfile 类描述。表 3－6 通过 OWL 子句"<OWL-S1.0：presents rdf：resource＝" #NWPU_ ServiceProfile " />"说明该制造服务的详细信息由资源"#NWPU_ ServiceProfile"描述（详见表 3－7）。

表 3－6　某制造服务定义的 OWL 描述片段

```
<? xml version =" 1.0" encoding =" GB2312"? >
<rdf: RDF xmlns =" http: //202.117.89.222/MSRegister/ManufacturingService.owl#" …… >
<owl: Ontology rdf: about ="" >
<owl: imports rdf: resource =" http: //www.daml.org/services/owl - s/1.0DL/Service.owl" />
</owl: Ontology >
……
<OWL - S1.0: ServiceProfile rdf: ID =" NWPU_ ServiceProfile" >
<OWL - S1.0: presentedBy >
<ManufacturingService rdf: ID =" 西北工业大学集成制造实验室铣削加工服务" >
<OWL - S1.0: presents rdf: resource =" #NWPU_ ServiceProfile" />
</ManufacturingService >
</OWL - S1.0: presentedBy >
</OWL - S1.0: ServiceProfile >
</rdf: RDF >
```

表 3-7 某制造服务 ManufacturingProfile 定义的 OWL 描述片段

```
<材料切削 rdf：ID =" NWPU_ ServiceProfile" >
<contacts rdf：resource =" #集成制造实验室概括信息" />
<estimates rdf：resource =" #集成制造实验室铣削服务评价信息" />
<states rdf：resource =" #铣削服务状态" />
<compose rdf：resource =" #卧式铣床" />
<compose rdf：resource =" #数控立式铣床" />
<capability rdf：resource =" #集成制造实验室铣削服务能力" />
</材料切削>
```

表3-7为该制造服务的 ManufacturingProfile 实例信息，由 OWL 子句“<材料切削 rdf：ID =" NWPU_ ServiceProfile" >”可知，该制造服务属于材料切削加工领域。由该实例的 contacts、estimates、states、compose 以及 capability 属性取值可知，该制造服务概括信息由资源“#集成制造实验室概括信息”描述（详细定义见表3-8）；评价信息由资源“#集成制造实验室铣削服务评价信息”描述，其评价信息分别为服务-好、制造服务提供商信誉-很好、制造服务提供商合作经验-很好、质量-好（详细定义见表3-9）；状态信息由资源“#铣削服务状态”描述，其状态信息显示该制造服务有正常负荷设备一台、未满负荷设备一台（详细定义见表3-10）；该制造服务的物理组成包括一台卧式铣床（型号：X6012）和一台数控立式铣床（型号：XK5032）（详细定义见表3-11）；能力信息则由资源“#集成制造实验室铣削服务能力”描述（详细定义见表3-12）。

表 3-8 某制造服务概括信息 OWL 描述片段

```
<EnterpriseInfo：企业信息 rdf：ID =" 集成制造实验室概括信息" >
<EnterpriseInfo：邮编 rdf：datatype =" http：//www. w3. org/2001/XMLSchema # string" > 710072
</EnterpriseInfo：邮编>
<EnterpriseInfo：网址 rdf：datatype =" http：//www. w3. org/2001/XMLSchema#string" > http：//
www. nwpu. edu. cn/cclab </EnterpriseInfo：网址>
<EnterpriseInfo：企业性质 rdf：datatype =" http：//www. w3. org/2001/XMLSchema#string" >国有
</EnterpriseInfo：企业性质>
```

续表

```
<EnterpriseInfo：传真
rdf：datatype = " http：//www. w3. org/2001/XMLSchema#string" >029 - 88493963 </EnterpriseInfo：
传真>
<EnterpriseInfo：单位地址 rdf：datatype = " http：//www. w3. org/2001/XMLSchema#string" >西安
市友谊西路127# </EnterpriseInfo：单位地址>
<EnterpriseInfo：电子邮件 rdf：datatype = " http：//www. w3. org/2001/XMLSchema#string" >cclab
@nwpu. edu. cn </EnterpriseInfo：电子邮件>
<EnterpriseInfo：联系电话
rdf：datatype = " http：//www. w3. org/2001/XMLSchema#string" >029 - 88493963 </EnterpriseInfo：
联系电话>
<EnterpriseInfo：单位名称 rdf：datatype = " http：//www. w3. org/2001/XMLSchema#string" >西北
工业大学现代设计与集成制造教育部重点实验室</EnterpriseInfo：单位名称>
    </EnterpriseInfo：企业信息>
```

表3-9　某制造服务评价信息OWL描述片段

```
<MSEstimate：MSEstimate rdf：ID = " 集成制造实验室铣削服务评价信息" >
<MSEstimate：服务 rdf：resource = " http：//202. 117. 89. 222/MSRegister/MSEstimate. owl#好" />
<MSEstimate：制造服务提供商信誉 rdf：resource = " http：//202. 117. 89. 222/MSRegister/MSEsti-
mate. owl#很好" />
<MSEstimate：制造服务提供商合作经验 rdf：resource = " http：//202. 117. 89. 222/MSRegister/MS-
Estimate. owl#很好" />
<MSEstimate：质量 rdf：resource = " http：//202. 117. 89. 222/MSRegister/MSEstimate. owl#好" />
</MSEstimate：MSEstimate>
```

表3-10　某制造服务状态信息OWL描述片段

```
<State：制造服务状态 rdf：ID = " 铣削服务状态" >
<State：维修中设备 rdf：datatype = " http：//www. w3. org/2001/XMLSchema#int" >0 </State：维
修中设备>
<State：正常负荷设备 rdf：datatype = " http：//www. w3. org/2001/XMLSchema#int" >1 </State：
正常负荷设备>
<State：未满负荷设备 rdf：datatype = " http：//www. w3. org/2001/XMLSchema#int" >1 </State：
未满负荷设备>
<State：超负荷设备 rdf：datatype = " http：//www. w3. org/2001/XMLSchema#int" >0 </State：超
负荷设备>
<State：满负荷设备 rdf：datatype = " http：//www. w3. org/2001/XMLSchema#int" >0 </State：满
负荷设备>
<State：闲置设备 rdf：datatype = " http：//www. w3. org/2001/XMLSchema#int" >0 </State：闲置
设备>
</State：制造服务状态>
```

表 3-11　某制造服务物理组成信息 OWL 描述片段

```
<MResource: 卧式铣床 rdf: ID = " 卧式铣床" >
<MResource: 设备型号 rdf: datatype = " http: //www. w3. org/2001/XMLSchema#string" > X6012
</MResource: 设备型号>
</MResource: 卧式铣床>
<MResource: 数控铣床 rdf: ID = " 数控立式铣床" >
<MResource: 设备型号 rdf: datatype = " http: //www. w3. org/2001/XMLSchema#string" > XK5032
</MResource: 设备型号>
</MResource: 数控铣床>
```

制造服务的制造能力信息是制造服务发现和语义匹配的关键信息，下面对其实例做一简单分析。表 3-12 为该制造服务能力信息的 OWL 描述片段，由表 3-12 可知，该制造服务的加工类型属于铣削加工（由 OWL 子句“<MProcess：铣削 rdf：ID =" 集成制造实验室_ 铣削" />”定义）；该制造服务可加工的形状特征为回转体端面和平面（分别由 OWL 子句“<ManufacturingConcept：端面 rdf：ID =" 端面" >”和“<ManufacturingConcept：平面 rdf：ID =" 平面" >”定义）；其可达到的最高加工精度分别为：表面粗糙度 1.6，平面度为 6 级精度（分别由 OWL 子句“<ManufacturingConcept：表面粗糙度 rdf：ID =" 表面粗糙度" >”和“<Manufacturing Concept：平面度 rdf：ID =" 平面度" >”定义）；其工艺水平表现为生产类型为小批量生产，废品率控制在 1% 以内（由 OWL 子句“<ManufacturingConcept：工艺水平 rdf：ID =" 集成制造实验室工艺水平" >”定义）；其可加工的零件类别为盘套类以及箱体类零件（分别由 OWL 子句“<ManufacturingConcept：盘套类 rdf：ID =" 盘套类" >”和“<ManufacturingConcept：箱体 rdf：ID =" 箱体" >”定义），尺寸范围为盘套类零件外径可达 480 毫米，长度可达 1000 毫米，箱体类零件长、宽、高分别为 2000 毫米、500 毫米和 1000 毫米，可以加工的材料为钢和铸钢（分别由 OWL 子句“<ManufacturingConcept：钢 rdf：ID =" 钢" />”和“<ManufacturingConcept：铸钢 rdf：ID =" 铸钢" />”定义）。

表 3－12　某制造服务制造能力信息 OWL 描述片段

```
< ManufacturingConcept：钢 rdf：ID = " 钢" / >
< ManufacturingConcept：盘套类 rdf：ID = " 盘套类" >
< ManufacturingConcept：长 rdf：datatype = " http：//www. w3. org/2001/XMLSchema#float"
> 1000. 0 < /ManufacturingConcept：长 >
< ManufacturingConcept：零件材料 >
< ManufacturingConcept：铸钢 rdf：ID = " 铸钢" / >
< /ManufacturingConcept：零件材料 >
< ManufacturingConcept：外径 rdf：datatype = " http：//www. w3. org/2001/XMLSchema#float"
> 480. 0 < /ManufacturingConcept：外径 >
< ManufacturingConcept：零件材料 rdf：resource = " #钢" / >
< ManufacturingConcept：长度单位 rdf：resource = " http：//202. 117. 89. 222/MSRegister/Measure-
ment. owl#毫米" / >
< /ManufacturingConcept：盘套类 >
< ManufacturingConcept：工艺水平 rdf：ID = " 集成制造实验室工艺水平" >
< ManufacturingConcept：废品率 rdf：datatype = " http：//www. w3. org/2001/XMLSchema#string" >
1% < /ManufacturingConcept：废品率 >
< ManufacturingConcept：所属生产类型 rdf：resource = " http：//202. 117. 89. 222/MSRegister/Manu-
facturingConcept. owl#小批量生产" / >
< /ManufacturingConcept：工艺水平 >
< ManufacturingConcept：平面度 rdf：ID = " 平面度" >
< ManufacturingConcept：公差等级 rdf：datatype = " http：//www. w3. org/2001/XMLSchema#string"
> 6 < /ManufacturingConcept：公差等级 >
< /ManufacturingConcept：平面度 >
< MProcess：铣削 rdf：ID = " 集成制造实验室_ 铣削" / >
< MCapability：制造能力 rdf：ID = " 集成制造实验室铣削服务能力" >
< MCapability：加工类型 rdf：resource = " #集成制造实验室_ 铣削" / >
< MCapability：形状特征 >
< ManufacturingConcept：端面 rdf：ID = " 端面" >
< ManufacturingConcept：精度能力 >
< ManufacturingConcept：表面粗糙度 rdf：ID = " 表面粗糙度" >
< ManufacturingConcept：表面粗糙度值 rdf：datatype = " http：//www. w3. org/2001/XMLSchema#
float"
> 1. 6 < /ManufacturingConcept：表面粗糙度值 >
< /ManufacturingConcept：表面粗糙度 >
< /ManufacturingConcept：精度能力 >
< ManufacturingConcept：精度能力 rdf：resource = " #平面度" / >
< /ManufacturingConcept：端面 >
< /MCapability：形状特征 >
< MCapability：零件类别 rdf：resource = " #盘套类" / >
< MCapability：工艺水平 rdf：resource = " #集成制造实验室工艺水平" / >
< MCapability：形状特征 >
< ManufacturingConcept：平面 rdf：ID = " 平面" >
< ManufacturingConcept：精度能力 rdf：resource = " #平面度" / >
```

续表

```
< ManufacturingConcept：精度能力 rdf：resource =" #表面粗糙度" / >
</ManufacturingConcept：平面 >
</MCapability：形状特征 >
< MCapability：零件类别 >
< ManufacturingConcept：箱体 rdf：ID =" 箱体" >
< ManufacturingConcept：零件材料 rdf：resource =" #钢" / >
< ManufacturingConcept：长 rdf：datatype =" http：//www. w3. org/2001/XMLSchema#float"
>2000. 0 </ManufacturingConcept：长 >
< ManufacturingConcept：宽 rdf：datatype =" http：//www. w3. org/2001/XMLSchema#float"
>500. 0 </ManufacturingConcept：宽 >
< ManufacturingConcept：高 rdf：datatype =" http：//www. w3. org/2001/XMLSchema#float"
>1000. 0 </ManufacturingConcept：高 >
< ManufacturingConcept：长度单位 rdf：resource =" http：//202. 117. 89. 222/MSRegister/Measure-
ment. owl#毫米" / >
</ManufacturingConcept：箱体 >
</MCapability：零件类别 >
</MCapability：制造能力 >
```

本章小结

本章着重研究了协同制造任务与制造服务建模及语义描述问题。首先，对协同制造链构建过程中的建模问题进行了分析，提出了基于本体论的协同制造任务与制造服务建模方法。其次，介绍了网络协同制造本体的概念，阐述了网络协同制造本体的建立方法，从表达能力、逻辑支持、兼容性等方面出发，通过对现有的一系列 Web 本体建模语言进行比较与分析后，选择 OWL 作为网络协同制造本体的描述语言，并通过扩展 OWL－S 本体建立了网络协同制造本体。最后，在对制造特征与协同制造单元进行研究的基础上分别给出了协同制造任务与制造服务的定义，建立了相应的协同制造任务与制造服务描述模型，并进一步通过实例研究了基于网络协同制造本体的协同制造任务与制造服务的语义化描述。

网络协同制造本体是构建协同制造链、实施零件网络化制造的基础。与现有制造信息网站、电子商务网站的制造能力、制造任务建模方法相比，基于网络协同制造本体，语义化建模描述协同制造任务与制造服务，系统描述能力更强、更灵活，并且生成的模型是以 OWL 语言描述的高度形式化的计算机可处理模型，在一定程度上帮助解决了协同制造链快速构建的“瓶颈”问题——协同制造任务与制造服务的精确匹配问题。

第四章 基于能力约束的制造服务发现与匹配

在协同制造链构建过程中，如何基于协同制造任务的制造能力需求发现恰当的制造服务是极其关键的一步，决定了协同制造链构建成功与否，同样也是本书研究工作的一个重点。第三章我们建立了网络协同制造本体，研究了协同制造任务与制造服务的描述模型，实现了基于网络协同制造本体的协同制造任务与制造服务的语义化描述。本章将在此基础上，根据协同制造任务的制造能力需求，应用制造服务匹配算法对制造服务注册中心的制造服务进行筛选，并根据匹配度界定满足协同制造任务能力需求的制造服务。

本章首先对制造服务发现问题进行了分析，研究了制造服务发现的基本要求；然后在总结和分析相关研究现状及其存在问题的基础上设计了一个制造服务匹配引擎，研究了其结构与工作流程；最后对制造服务匹配引擎的核心匹配算法进行了深入研究。

第一节 制造服务发现问题分析

一、制造服务发现问题分析与形式化描述

本质上，协同制造链构建是基于协同制造任务信息与制造服务信息，从制造服务注册中心的众多制造服务中，通过一定的方法为

每一个协同制造任务选择出合适的制造服务并加以合理组合，以完成零件异地协同制造的过程。设 $s_s^{(i)}$ 为完成协同制造链中某协同制造任务 p_i 的制造服务，则制造服务选择问题的形式化描述可由（4.1）式表示：

$$s_s^{(i)} = f^{(i)}(S, p_i, S(E)) \tag{4.1}$$

（4.1）式中，S 为制造服务注册中心的全体制造服务集合，显然有 $s_s^{(i)} \in S$；$S(E)$ 为制造服务完成协同制造任务的评价性约束。$S(E)$ 主要由制造服务的评价信息决定，如果仅考虑完成协同制造任务的时间（T）、质量（Q）、成本（C）和服务（S）等评价指标，则 $S(E)$ 可表示为：$S(E) = \left\{S(t), S(q), S(c), S(s)\right\}$（有关制造服务综合评价过程及其评价指标体系的内容将在本书第五章进行详细论述）。因此，可以把 $f^{(i)}: S \rightarrow s_s^{(i)}$ 看成是协同制造任务 p_i 的制造服务选择函数。

由第二章协同制造链构建过程分析可知，制造服务选择过程包括制造服务发现与匹配以及制造服务优化选择两个阶段。制造服务发现与匹配是将协同制造任务的制造能力需求和制造服务的制造能力特征进行匹配，以搜索出满足协同制造任务制造能力需求的制造服务集合的过程。制造服务优化选择则基于制造服务评价指标体系以及协同制造链相关约束条件（如成本、工期等），从上一步发现的制造服务集合中进一步优选出完成该任务的最佳制造服务。将协同制造任务 p_i 的制造服务选择过程的两个阶段分别用函数 $f_1^{(i)}$、$f_2^{(i)}$ 来表示，则有：

$$f^{(i)} = f_2^{(i)} \circ f_1^{(i)}: S \rightarrow s_s^{(i)} \tag{4.2}$$

$$S_1^{(i)} = f_1^{(i)}(S, p_i) \tag{4.3}$$

$$s_s^{(i)} = f_2^{(i)}(S_1^{(i)}, S_1^{(i)}(E)) \tag{4.4}$$

其中，$f_1^{(i)}: S \rightarrow S_1^{(i)}$，$f_2^{(i)}: S_1^{(i)} \rightarrow s_s^{(i)}$，$S_1^{(i)} \subseteq S$，$s_s^{(i)} \in S_1^{(i)}$。集合 $S_1^{(i)}$ 为仅从制造能力角度出发，在不考虑制造服务评价信息的情况下，满足协同制造任务 p_i 制造能力需求的制造服务集合，即第二章所定义的候选制造服务集合。本章重点讨论制造服务的发现与匹配，即研究针对协同制造任务 p_i 如何获取集合 $S_1^{(i)}$ 。对于制造服务的优化选择，即如何在集合 $S_1^{(i)}$ 中获取制造服务 $s_s^{(i)}$ 将在第五章进行详细研究。

制造服务发现与匹配过程主要基于第三章所建立的协同制造任务模型与制造服务模型进行，通过匹配各自模型中所包含的制造能力特征来实现。由第三章的论述可知，基于网络协同制造本体，协同制造任务模型与制造服务模型均采用 OWL 文档进行描述。因此，对于制造服务的发现与匹配，本书特做如下形式化描述：

设 S 为制造服务注册中心的全体制造服务集合，对于其中每一个制造服务 s ，其 OWL 描述文档为 D_s ；对于协同制造链中协同制造任务 p_i ，其 OWL 描述文档为 $D_p^{(i)}$ ；则制造服务与协同制造任务的匹配过程可由（4.5）式表示：

$$S_1^{(i)} = f_1^{(i)}(S,p_i) = \{s \in S \mid compatible(s,p_i)\} \tag{4.5}$$

其中 $compatible(s,p_i)$ 表示制造服务 s 与协同制造任务 p_i 相匹配，本书即表示制造服务 s 在制造能力上能够满足协同制造任务 p_i 的要求。$compatible(s,p_i)$ 可通过制造服务 s 与协同制造任务 p_i 的 OWL 描述文档的匹配结果是否满足要求（satisfiable）进行确定，可由（4.6）式表示：

$$satisfiable(D_p^{(i)},D_s) \Leftrightarrow \neg\ (D_p^{(i)} \cap D_s \subseteq \perp) \tag{4.6}$$

我们通常使用一个阈值来判断二者匹配程度是否能够满足要求，本书通过制造服务匹配度进行衡量，制造服务匹配度的概念及定义将在下文详细介绍。

二、制造服务发现的基本要求

由制造服务发现问题形式化描述可知，制造服务发现过程是一个检索制造服务 OWL 描述文档，定位制造服务提供商的过程。为了能够让协同制造链发起企业从制造服务注册中心的众多制造服务中高效选取出满足协同制造任务制造能力需求的候选制造服务集合，我们首先要分析达到这个目标所要满足的基本需求，即必要条件，在此基础上才能深入探讨有针对性的解决方案。

首先，分析制造服务发现的基本过程。由第二章协同制造链构建过程分析可知，制造服务发现的基本步骤如下：

（1）制造服务提供商使用网络化敏捷制造平台提供的服务描述工具描述其提供的制造服务（服务描述）。

（2）制造服务提供商使用网络化敏捷制造平台提供的服务发布工具将服务发布于（注册）制造服务注册中心（服务发布）。

（3）协同制造链发起企业使用网络化敏捷制造平台提供的协同制造任务描述工具描述协同制造任务（服务请求描述）。

（4）网络化敏捷制造平台的匹配引擎将协同制造任务与制造服务注册中心的制造服务进行匹配并返回结果（服务匹配）。

基于上述过程，制造服务发现的基本要求主要从以下三个方面进行阐述：

（一）制造服务描述要求

制造服务的合理描述对制造服务发现至关重要，制造服务描述必须满足以下条件：

（1）包含功能性描述，如制造服务能加工什么。

（2）包含非功能性描述，如制造服务的合作经验、合作信誉等。

（3）服务描述应不仅能被人理解，而且也应能被机器解释，这就要求服务描述必须同时包含语法和语义信息，以便在不同层面上支持制造服务的使用。

本书第三章建立的制造服务描述模型以及基于网络协同制造本体的制造服务语义化描述方法能够很好地满足制造服务发现对服务描述的基本要求。

（二）协同制造任务描述要求

协同制造任务描述准确与否直接决定了制造服务发现结果的优劣。协同制造任务描述必须与制造服务本身描述的要求相一致。本书第三章基于网络协同制造本体实现了协同制造任务的语义化描述，由于协同制造任务与制造服务均基于同一个本体进行描述，因此，能够保证协同制造任务描述与制造服务描述的语义一致性，从而可以很好地支持基于语义的制造服务发现与匹配。

（三）制造服务匹配要求

制造服务匹配必须能够全面匹配协同制造任务 OWL 描述文档与制造服务 OWL 描述文档中的语法和语义信息，而不是传统的基于关键字的匹配；应能基于 OWL 公理构造符实现同义、上下位以及平级概念等的智能检索；制造服务匹配还必须能够计算出制造服务与协同制造任务的具体相似程度，从而实现匹配结果集中的制造服务排序。

第二节　相关研究及存在问题

由第三章制造服务的定义可知，制造服务借鉴了 Web 服务架构和网格服务的思想，并将其应用于网络化制造领域的研究中。因此，有关 Web 服务发现与匹配的研究与本书研究直接相关，其相关研究成果对于本书的研究具有重要参考价值，下面对该领域的研究现状及其存在问题做一个分析。

Web 服务发现[83][84][85]是整个 Web 服务架构中最重要的组成部分，其对 Web 服务的意义在一定程度上相当于目前流行的 Web 搜索引擎对整个 Web 的意义。对于 Web 服务的搜索一般称为 Matching[86][87]或 Matchmaking[88]，并将执行匹配的功能模块称为 Matchmaker，其主要功能就是检索出那些满足服务请求者要求的 Web 服务。Web 服务发现技术与当前 Web 搜索技术有许多相似之处，最初都是通过非语义的匹配实现，但该模式存在许多问题，主要问题如下：

（1）查询模式比较单一，可选查询项较少，只能按照固化的几种方式如 Web 服务名称、Web 服务分类、Web 服务提供商等进行检索，无法实现对相关概念属性进行动态组合查询，不能自定义查询结果，无法接受非系统预定模式的查询定义。

（2）查询以关键词匹配和布尔查询为主，无法实现同义概念、上下位概念的检索。

（3）查询智能化程度不高，无法通过简单推理进行检索，如"查询能进行齿轮类零件加工的制造服务"，可能会把能够对涡轮进行加工的制造服务遗漏，这主要是由于缺乏对上下位传递性规则进行利用和推理的能力。

（4）无法实现查询结果集的排序，即无法比较查询结果中的 Web 服务和用户需求间的匹配程度。

上述问题的产生，主要是由于系统内部缺乏语义模型支持，因此难以实现复杂概念层次下的精确查询；同时，系统也缺乏基于概率和匹配程度计算的查询机制，无法给出基于匹配程度的 Web 服务排序。针对上述问题和存在的缺陷，学术界作了大量的研究，补充 Web 服务的表示语义，增强服务发现能力是 Web 服务发现的一种趋势。目前，基于语义的 Web 服务发现与匹配方面的研究主要有以下一些：

Cardoso、Sheth 等[84]讨论了使用本体解决 Web 服务发现过程中结构和语义异构问题，提出了一个支持基于功能需求和操作参数的 Web 服务发现算法。Paolucci、Kawamura 等[87]提出了一个基于语义发现 Web 服务的算法，但是该算法没有解决异构 Web 服务的互操作问题，他们所建立的系统使用了 DAML - S 规范。Gonzalez - Castillo、Trastour 等[86]使用 DAML + OIL 语义化的描述 Web 服务，将服务描述为一棵树型结构的语义树，通过对树的遍历，得到匹配结构，该算法与 Paolucci、Kawamura 等提出的算法相类似。ITTALKS[89]是美国 Maryland 大学开发的一个基于语义 Web 技术的原型系统，它能自动搜集 Web 中各类 IT 会议信息，并根据用户喜好和个人时间安排，提供个性化的个人会议助理服务。Chakraborty

等[90]提出了一种以语义 Web 描述语言 DARPA（Agent Markup Language）描述服务，以 Prolog 语言为推理语言的服务发现系统，服务发现的依据是预先定义的服务属性、本体属性值。Payne 等[91]提出了以 DAML - S 语言描述服务，通过服务的属性和接口的输入/输出概念匹配，得到匹配的结果。美国 Carnegie Mellon 大学的 Katia Sycara 在论文[87]中提出了对 Web 服务匹配引擎的几点要求，第一点就是服务匹配引擎应该提供一种基于本体的、柔性的、语义匹配功能，同时他就如何对 Web 服务输入、输出参数进行语义匹配，提出了具体匹配算法。HP 实验室的 Javier[88]对 Web 服务采用 DAML + OIL 语言进行语义标注，提出了一个服务匹配算法，并对当前最为著名的描述逻辑推理机 Fact 和 Racer 在服务匹配中的应用进行了讨论和分析。

第三节　制造服务匹配引擎

制造服务注册中心为网络化敏捷制造平台提供了一个良好的制造服务发布、维护和管理环境，是构建协同制造链的基础。在实现对制造服务进行基于语义的描述以及匹配时，都需要这样一个稳定和可靠的注册中心作为支撑。作为制造服务注册中心的关键模块之一，制造服务匹配引擎则是整个协同制造链构建支持系统的核心，其功能主要是实现协同制造任务与制造服务注册中心中制造服务的匹配计算，并基于用户定义的匹配度以发现满足要求的制造服务，本书提出的制造服务匹配引擎结构如图 4 - 1 所示。

由图 4 - 1 可知，制造服务匹配引擎主要由匹配模型构造器、匹配引擎以及 OWL 推理机组成。制造服务匹配引擎的具体工作流程如下：

（1）协同制造链发起企业首先使用用户匹配定义工具设定协同制造任务与制造服务的匹配度，不同匹配度等级的设定将直接影响

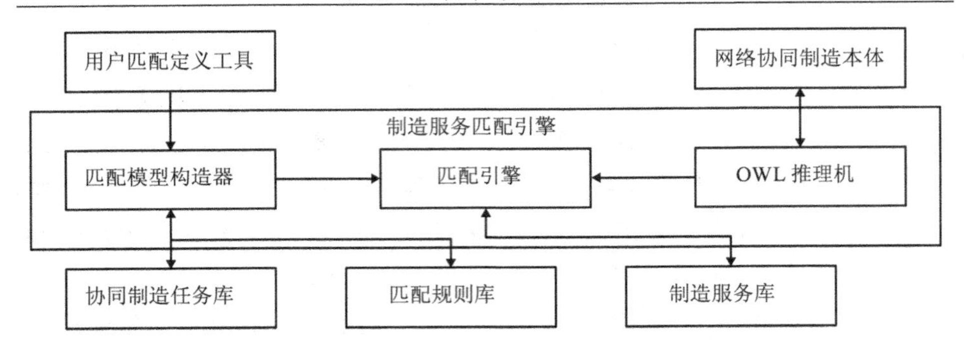

图 4-1　制造服务匹配引擎结构

到匹配结果的精确性。进行制造服务匹配时，匹配引擎将依据用户设定的匹配度进行匹配，发现合适的制造服务。用户还可以通过用户匹配定义工具设定特殊的制造服务匹配要求，如有关制造服务质量、制造服务提供商所在地理位置等协同制造任务制造能力特征所无法反映的要求。

（2）匹配模型构造器从协同制造任务库中读取需要进行匹配的协同制造任务 OWL 描述文档，并结合用户匹配定义工具定义的匹配要求，生成该协同制造任务的语义匹配模型。在具体生成匹配模型的过程中，匹配模型构造器还需要访问匹配规则库中的相关匹配规则信息。由于本书所建立的协同制造任务语义描述模型没有包含数值类型数据的比较关系，故本书预先建立了很多匹配规则，并将其存储于匹配规则库中。如对于零件尺寸，面向协同制造任务，系统建立了“大于等于”的规则，即只要制造服务的尺寸能力大于等于该零件的轮廓尺寸，其尺寸能力即可视为满足要求。

（3）匹配引擎从制造服务库中读入制造服务 OWL 描述文档，并通过 OWL 推理机将制造服务 OWL 描述文档与网络协同制造本体绑定，依据 OWL 语义逻辑生成制造服务推理模型。制造服务推理模型是基于网络协同制造本体，包含了各种概念、属性及其之间扩展关系的模型。如对于表 4-1 中的工具钢概念，其推理模型将包括下列陈述："工具钢" rdfs：subClassOf "钢"；"钢" rdfs：subClassOf "材料"；"工具钢" rdfs：subClassOf "材料"；显然该模型包含了基于 SubClassOf 公理构造符的继承推理，基于该推理模型可知“工具钢”既是“钢”又是“材料”。

表 4－1　网络协同制造本体片段

```
……
<owl: Class rdf: ID =" 材料" />
<owl: Class rdf: about =" #钢" >
<rdfs: subClassOf rdf: resource =" #材料" />
</owl: Class>
<owl: Class rdf: ID =" 工具钢" >
<rdfs: subClassOf>
<owl: Class rdf: ID =" 钢" />
</rdfs: subClassOf>
</owl: Class>
……
```

（4）匹配引擎将协同制造任务的匹配模型与制造服务的推理模型进行匹配度计算，获得满足用户设定的匹配度要求的制造服务。

第四节　基于能力约束的制造服务匹配算法

一、制造服务匹配度定义

严格意义上来说，当制造服务的制造能力特征与协同制造任务的制造能力需求完全一致时，称制造服务在能力上完全满足协同制造任务的要求。显然，这种定义过于严格，因为制造服务提供商与协同制造链发起企业事先不可能就制造服务与协同制造任务的描述达成一致。这种严格的定义势必会导致制造服务发现与匹配的失败。因此，制造服务匹配算法需要适应一个较为宽松的“充分相似”的定义，需要有较强的适应性，也就是说，这种匹配算法应该能够依据协同制造链发起企业定义的匹配度进行匹配。如上文制造服务匹配引擎工作流程所述，协同制造链发起企业在进行制造服务匹配之前应该首先确定其需要的匹配程度，并将其提交给制造服务匹配引擎。

由第三章的论述可知，进行制造服务建模描述时，我们使用 Manufacturing Profile 类的实例对制造服务的详细信息进行描述，理论上一个制造服务可以对应多个 Manufacturing Profile 实例。为了研究问题方便，本章限定制造服务与 Manufacturing Profile 实例一一对应，即一个制造服务使用唯一一个 Manufacturing Profile 实例进行描述。在网络协同制造本体中，Manufacturing Profile 类通过 capability 属性描述制造服务的制造能力，该属性的取值范围是 Manufacturing Capability 类的实例。对于协同制造任务，我们则使用 CMTask 类的实例进行语义化描述，CMTask 类有关制造能力需求的详细信息同样是基于 Manufacturing Profile 类的 capability 属性并使用 Manufacturing Capability 类的实例进行描述。因而，基于制造服务的 Manufacturing Capability 类实例与协同制造任务的 Manufacturing Capability 类实例之间的语义关系就可以发现制造服务与协同制造任务在制造能力上的匹配关系。

基于上述考虑，本书所提出的制造服务匹配算法主要对 Manufacturing Capability 类实例进行语义匹配。Manufacturing Capability 类实例是一系列概念的实例化，网络协同制造本体中详细定义了 Manufacturing Capability 类相关概念的关系，Manufacturing Capability 类实例之间的语义匹配程度可以通过计算网络协同制造本体中概念集合间的语义相似度来获得。在进行语义相似度计算之前，首先需要对网络协同制造本体概念之间存在的不同关系进行分类以确定匹配度。

设 A、B 为网络协同制造本体中的两个概念，则 A 和 B 之间存在下述四种关系：

（1）Fail（A，B）：概念 A 和概念 B 彼此不存在任何关系，如网络协同制造本体中“工具钢”概念与“粗糙度”概念彼此就不存在任何关系。

（2）Subconcept（A，B）：概念 A 包含概念 B，即与概念 B 相比，概念 A 是一个更加普遍的概念，如网络协同制造本体中“车床”概念与“数控车床”概念之间的关系就属于 Subconcept 关系。

（3）Equivalent（A，B）：概念 A 和概念 B 相等，即它们表示同一个概念，如网络协同制造本体中“NC 车床”概念与“数控车床”概念之间的关系就属于 Equivalent 关系，它们表达的是同一个概念。

（4）Relative（A，B）：概念 A 和概念 B 具有共同的祖先，即它们之间既有共性又有特性，如网络协同制造本体中“普通车床”概念与“数控车床”概念之间的关系就属于 Relative 关系，它们都属于车床，但又具有各自的特征。

由第三章建立的网络协同制造本体结构可知，制造能力信息主要从加工类型、零件类别、形状特征、材料特征、精度能力、尺寸能力以及工艺水平等几个方面进行描述。对于工艺水平，本书主要基于制造服务评价信息，在制造服务优化选择阶段对其进行评价，故在匹配度的定义中不将其考虑在内。因此，本书制造服务匹配度的定义将主要从加工类型匹配、零件类别匹配、形状特征匹配、材料特征匹配以及精度与尺寸能力匹配等几个方面考虑。为了描述方便，本书特做如下定义：

C_S^O 表示制造服务所属加工类型，C_T^O 表示协同制造任务所属加工类型；

C_S^P 表示制造服务可加工零件类别，C_T^P 表示协同制造任务所属零件类别；

C_S^S 表示制造服务可加工形状特征，C_T^S 表示协同制造任务所属形状特征；

C_S^M 表示制造服务可加工的材料，C_T^M 表示协同制造任务的材料特征；

d_S^p 表示制造服务的精度能力，d_T^p 表示协同制造任务的精度要求；

d_S^d 表示制造服务的尺寸能力，d_T^d 表示协同制造任务的尺寸描述。

在实际协同制造链构建过程中，协同制造链发起企业进行制造服务匹配时可能遇到的匹配情况分为完全匹配、部分匹配和不匹配三种。基于网络协同制造本体概念之间的关系，并依照加工类型、零件类别、形状特征、材料特征、精度能力、尺寸能力等因素对零件制造过程的影响程度[186]，本书将协同制造任务与制造服务的匹配程度定义为 12 级匹配度，下面分别对其进行详细论述：

（一）完全匹配

当制造服务的制造能力特征描述与协同制造任务的制造能力需求描述对应概念之间的关系满足（4.7）式或（4.8）式所述的条件时，即可视为完全匹配，其匹配度设为 12。

$$Equivalent(C_S^O, C_T^O) \cap Equivalent(C_S^P, C_T^P) \cap Equivalent(C_S^S, C_T^S) \cap Equivalent(C_S^M, C_T^M) \cap (d_S^p \leqslant d_T^p) \cap (d_S^d \geqslant d_T^d) \tag{4.7}$$

$$Equivalent(C_S^O, C_T^O) \cap Subconcept(C_T^P, C_S^P) \cap Equivalent(C_S^S, C_T^S) \cap Equivalent(C_S^M, C_T^M) \cap (d_S^p \leqslant d_T^p) \cap (d_S^d \geqslant d_T^d) \tag{4.8}$$

（4.7）式表示制造服务所属加工类型与协同制造任务一致（在制造服务发现与匹配过程中，制造服务所属加工类型与协同制造任务所要求的加工类型必须保持一致，否则将视为不匹配，如某任务需要进行车削加工，显然磨削加工服务无法满足其加工要求，以下皆同）；所能加工的零件类别、形状特征、材料特征等概念完全等价于协同制造任务描述中的相关概念，且其精度与尺寸能力能够满足协同制造任务的要求。

（4.8）式表示其他条件与（4.7）式描述相同，而制造服务所能加工的零件类别概念是协同制造任务所属零件类别概念的子概念时，也可视为完全匹配。例如，某协同制造任务所属零件类型为“轴类零件”，而某制造服务可以完成“传动轴类零件”的加工，显然具备传动轴加工能力的制造服务也可以完成普通轴类零件的加工。

（二）部分匹配

部分匹配是当制造服务的制造能力特征描述与协同制造任务的

制造能力需求描述在对应的概念类型上存在 Subconcept 关系时，也可以认为是一种服务匹配，这是一种弱化的制造服务匹配。例如，某协同制造链中有“加工燕尾槽”这样一个协同制造任务，而某制造服务的制造能力特征描述中声称能“加工槽”，协同制造任务的形状特征“燕尾槽”是制造服务可加工形状特征“槽”的一个子概念，即二者具有 Subconcept（槽，燕尾槽）关系，两者虽不完全匹配，但从常识的角度出发，该制造服务可能具有加工燕尾槽的能力，因此可以认为协同制造任务与制造服务属于某种程度上的匹配。对于零件类别概念，也可存在 Relative 关系，这是因为协同制造任务主要面向制造特征进行描述，即使制造服务可加工的零件类别与协同制造任务所属零件类别不同，但其仍有可能完成指定形状特征的加工，故也可能很好地完成该协同制造任务。这种弱化的服务匹配模式更具有实际意义，并且可以进一步通过语义相似度计算衡量两者之间的语义距离，反映二者的具体匹配程度。显然，Subconcept 关系的匹配程度要高于 Relative 关系。

由于不同概念对匹配过程的影响程度是不同的，与传统工艺规程编制中的机床选择相似[186]，在考虑尺寸与加工精度的情况下进行制造服务选择时，形状特征具有最高权重、材料特征次之、零件类别权重最低。因此，部分匹配又依据不同概念在匹配过程中的权重可以分为以下几种，其匹配度等级依次递减，匹配条件分别见下列各式：

$$Equivalent(C_S^O, C_T^O) \cap Subconcept(C_S^P, C_T^P) \cap Equivalent(C_S^S, C_T^S) \cap Equivalent(C_S^M, C_T^M) \cap (d_S^p \leqslant d_T^p) \cap (d_S^d \geqslant d_T^d) \tag{4.9}$$

（4.9）式描述的是第一种情况，即形状特征概念、材料特征概念均为等价，而零件类别为 Subconcept 关系，其匹配度设为 11。

$$Equivalent(C_S^O, C_T^O) \cap Relative(C_S^P, C_T^P) \cap Equivalent(C_S^S, C_T^S) \cap Equivalent(C_S^M, C_T^M) \cap (d_S^p \leqslant d_T^p) \cap (d_S^d \geqslant d_T^d) \tag{4.10}$$

（4.10）式描述的是第二种情况，即形状特征概念、材料特征概念均为等价，而零件类别为 Relative 关系，其匹配度设为 10。

$$Equivalent(C_S^O, C_T^O) \cap Equivalent(C_S^P, C_T^P) \cap Equivalent(C_S^S, C_T^S)$$

$$\cap\ Subconcept(C_S^M, C_T^M) \cap (d_S^p \leqslant d_T^p) \cap (d_S^d \geqslant d_T^d) \tag{4.11}$$

（4.11）式描述的是第三种情况，即零件类别概念、形状特征概念均为等价，而材料特征概念为 Subconcept 关系，其匹配度设为 9。

$$Equivalent(C_S^O, C_T^O) \cap Subconcept(C_S^P, C_T^P) \cap Equivalent(C_S^S, C_T^S) \cap Subconcept(C_S^M, C_T^M) \cap (d_S^p \leqslant d_T^p) \cap (d_S^d \geqslant d_T^d) \tag{4.12}$$

（4.12）式描述的是第四种情况，即形状特征概念为等价，而零件类别概念、材料特征概念为 Subconcept 关系，其匹配度设为 8。

$$Equivalent(C_S^O, C_T^O) \cap Relative(C_S^P, C_T^P) \cap Equivalent(C_S^S, C_T^S) \cap Subconcept(C_S^M, C_T^M) \cap (d_S^p \leqslant d_T^p) \cap (d_S^d \geqslant d_T^d) \tag{4.13}$$

（4.13）式描述的是第五种情况，即形状特征概念为等价，而材料特征概念为 Subconcept 关系，零件类别概念为 Relative 关系，其匹配度设为 7。

$$Equivalent(C_S^O, C_T^O) \cap Equivalent(C_S^P, C_T^P) \cap Subconcept(C_S^S, C_T^S) \cap Equivalent(C_S^M, C_T^M) \cap (d_S^p \leqslant d_T^p) \cap (d_S^d \geqslant d_T^d) \tag{4.14}$$

（4.14）式描述的是第六种情况，即零件类别概念、材料特征概念均为等价，而形状特征概念为 Subconcept 关系，其匹配度设为 6。

$$Equivalent(C_S^O, C_T^O) \cap Subconcept(C_S^P, C_T^P) \cap Subconcept(C_S^S, C_T^S) \cap Equivalent(C_S^M, C_T^M) \cap (d_S^p \leqslant d_T^p) \cap (d_S^d \geqslant d_T^d) \tag{4.15}$$

（4.15）式描述的是第七种情况，即材料特征概念为等价，而零件类别概念、形状特征概念均为 Subconcept 关系，其匹配度设为 5。

$$Equivalent(C_S^O, C_T^O) \cap Relative(C_S^P, C_T^P) \cap Subconcept(C_S^S, C_T^S) \cap Equivalent(C_S^M, C_T^M) \cap (d_S^p \leqslant d_T^p) \cap (d_S^d \geqslant d_T^d) \tag{4.16}$$

（4.16）式描述的是第八种情况，即材料特征概念为等价，而形状特征概念为 Subconcept 关系，零件类别概念为 Relative 关系，其匹配度设为 4。

$$Equivalent(C_S^O, C_T^O) \cap Equivalent(C_S^P, C_T^P) \cap Subconcept(C_S^S, C_T^S)$$

$$\cap\ Subconcept(C_S^M, C_T^M)\ \cap\ (d_S^p \leqslant d_T^p)\ \cap\ (d_S^d \geqslant d_T^d) \tag{4.17}$$

（4.17）式描述的是第九种情况，即零件类别概念为等价，而形状特征概念、材料特征概念均为 Subconcept 关系，其匹配度设为3。

$$Equivalent(C_S^O, C_T^O)\ \cap\ Subconcept(C_S^P, C_T^P)\ \cap\ Subconcept(C_S^S, C_T^S)\ \cap\ Subconcept(C_S^M, C_T^M)\ \cap\ (d_S^p \leqslant d_T^p)\ \cap\ (d_S^d \geqslant d_T^d) \tag{4.18}$$

（4.18）式描述的是第十种情况，即零件类别概念、形状特征概念、材料特征概念均为 Subconcept 关系，其匹配度设为2。

$$Equivalent(C_S^O, C_T^O)\ \cap\ Relative(C_S^P, C_T^P)\ \cap\ Subconcept(C_S^S, C_T^S)\ \cap\ Subconcept(C_S^M, C_T^M)\ \cap\ (d_S^p \leqslant d_T^p)\ \cap\ (d_S^d \geqslant d_T^d) \tag{4.19}$$

（4.19）式描述的是第十一种情况，即形状特征概念、材料特征概念均为 Subconcept 关系，而零件类别概念为 Relative 关系，其匹配度设为1。

（三）不匹配

当制造服务的制造能力特征描述与协同制造任务的制造能力需求描述存在下列关系之一时，均可视为制造服务与协同制造任务不匹配：①制造服务所属加工类型与协同制造任务不一致；②对应的概念存在 Fail 关系；③形状特征概念以及材料特征概念存在 Relative 关系；④尺寸或精度能力无法满足要求。

二、制造服务语义相似度计算

制造服务匹配度在一定程度上反映了制造服务发现与匹配结果的精确度。协同制造链发起企业为制造服务匹配设定一个匹配度后，制造服务匹配引擎将把该匹配度等级之上的制造服务全部搜索出来，如用户设定匹配度为9，则匹配引擎进行匹配时，匹配度为10、11、12 的制造服务也将被搜索出来，而且同一匹配度等级内部可能会搜索出多个满足要求的制造服务。为了衡量制造服务制造能力特征与协同制造任务制造能力需求之间的密切程度，对于上述匹配结果，我们通常需要进行进一步的排序。为此，本书引入了制造服务语义相似度的概念，制造服务语义相似度主要用于描述制造服务和协同制造任务在制造能力层次上的语义相似度，从而为制造服务匹配结果排序提供一个量化的标准。

由第三章论述可知，制造服务与协同制造任务均使用网络协同制造本体中定义的一系列概念进行描述。因此，制造服务语义相似度可以通过计算网络协同制造本体中概念间的语义相似度来获得。本书通过建立函数 $SemSimilarity(T,S)$ 来计算制造服务语义相似度，具体见（4.20）式：

$$SemSimilarity(T,S) = \frac{\omega_1 SemS(C_T^P, C_S^P) + \omega_2 SemS(C_T^S, C_S^S) + \omega_3 SemS(C_T^M, C_S^M)}{\omega_1 + \omega_2 + \omega_3} \in [0,1] \tag{4.20}$$

其中，T 、S 分别表示协同制造任务与制造服务；$SemS(C_T^P, C_S^P)$ 为协同制造任务与制造服务的零件类别概念语义相似度计算函数；$SemS(C_T^S, C_S^S)$ 为协同制造任务与制造服务的形状特征概念语义相似度计算函数；$SemS(C_T^M, C_S^M)$ 为协同制造任务与制造服务的材料特征概念语义相似度计算函数；ω_1 、ω_2 、$\omega_3 \in [0,1]$ 分别表示零件类别概念、形状特征概念以及材料特征概念在制造服务匹配过程中的权重。由于在制造服务匹配过程中，加工类型必须一致，故（4.20）式中没有包含加工类型的语义相似度计算。

在同一本体中，两个概念 C_i 和 C_j 之间的语义相似度小于等于 1。当两个概念相一致的时候，即具有 Equivalent 关系时，两者之间的语义相似度等于 1；而当两个概念具有 Fail 关系时，两者之间的语义相似度等于 0；对于介于上面两种情况之间的概念，即概念之间具有 Subconcept 或 Relative 关系时，概念之间的语义相似度需要通过计算求出。概念之间的语义相似度描述见（4.21）式：

$$SemS(C_i,C_j)=\begin{cases}1 & Equivalent(C_i,C_j)\\ Similarity(C_i,C_j) & Subconcept(C_i,C_j),Relative(C_i,C_j)\\ 0 & Fail(C_i,C_j)\end{cases}\tag{4.21}$$

目前，一种比较直观的计算概念间语义相似度的方法是将两个概念分别映射到本体后，计算本体图上两个概念节点间的最短路径，但计算图上节点间的最短距离复杂度较高，采用 Dijkstra 算法和 Floyd 算法[92][93]的复杂度分别为 $O(n^3)$ 和 $O(n^2)$ 。本书计算概念之间的相似度主要依据 Tversky 的基本特征相似性模型[94]进行，该模型被认为是迄今为止最有效的计算概念之间相似度的模型。

Tversky 的模型基于如下思想：Tversky 将评估两个概念相似性的特征分为共同特征和不同特征两种。共同特征能够增强两个概念的相似性，而不同特征则会减弱相似性，但是共同特征对相似度的增强影响要大于不同特征减弱相似度的影响。所以在评价相似度的时候，相对于不同特征而言，我们会给予概念的共同特征以更大的信任度。举个例子，比如说赛车和轿车，它们非常相似，因为它们有很多共同特征，如车轮、引擎、方向盘、排挡等。但是，它们又有一些区别让它们不相似，比如高度和轮胎的尺寸等。在网络协同制造本体中，概念的特征主要通过属性来体现，因而概念之间特征的比较可以通过对概念之间属性的比较来实现。基于 Tversky 的模型，函数 $Similarity(C_i,C_j)$ 的语义相似度计算如（4.22）式所示：

$$Similarity(C_i,C_j)=\sqrt{\frac{|P(C_i)\cap P(C_j)|}{|P(C_i)\cup P(C_j)|}\times\frac{|P(C_i)\cap P(C_j)|}{|P(C_j)|}}\tag{4.22}$$

其中，函数 $P(x)$ 表示与概念 x 相关的所有属性，函数 $|x|$ 则表示返回 x 中属性元素的个数。函数 $Similarity(C_i,C_j)$ 的结果由两个部分的几何平均值得到：两个概念的共同属性占两个概念所有属性的比率，两个概念的共同属性占被匹配概念的所有属性的比率。

下面举一个例子来介绍函数 $Similarity(C_i,C_j)$ 的计算过程，该例子进行匹配的概念均来源于网络协同制造本体的零件类别，零件类别结构见图 4 -2，图中并没有显示完整的本体结构，我们只是将例子中需要进行匹配的部分概念显示出来。设某协同制造任务所属零件类别为“直齿轮”，某制造服务可加工零件类别为“斜齿轮”，则其零件类别语义相似度计算过程如下：

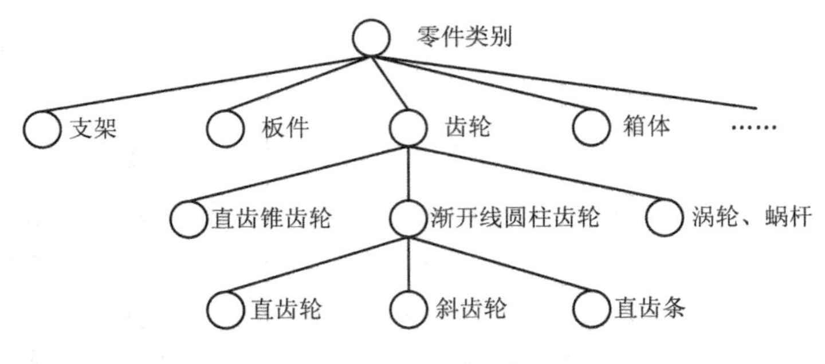

图 4 -2　零件类别本体结构

P(直齿轮) =

{模数，齿距，齿数，分度圆直径，齿顶圆直径，齿根圆直径，齿顶高，齿根高，全齿高，齿厚，中心距}

P(斜齿轮) =

{法向模数，端面模数，法向齿距，端面齿距，齿数，分度圆直径，齿顶圆直径，齿根圆直径，齿顶高，齿根高，全齿高，法向齿厚，中心距，螺旋角，导程}

P(直齿轮) ∩ P(斜齿轮) =

{分度圆直径，齿顶圆直径，齿根圆直径，齿数，齿顶高，齿根高，全齿高，中心距}

P(直齿轮) ∪ P(斜齿轮) =

{模数，齿距，齿数，分度圆直径，齿顶圆直径，齿根圆直径，齿顶高，齿根高，全齿高，齿厚，中心距，法向模数，端面模数，法向齿距，端面齿距，法向齿厚，螺旋角，导程}

$$Similarity(\text{直齿轮},\text{斜齿轮}) = \sqrt{\frac{|P(\text{直齿轮}) \cap P(\text{斜齿轮})|}{|P(\text{直齿轮}) \cup P(\text{斜齿轮})|} \times \frac{|P(\text{直齿轮}) \cap P(\text{斜齿轮})|}{|P(\text{斜齿轮})|}}$$

$$= \sqrt{\frac{8}{18} \times \frac{8}{15}} \approx 0.487$$

计算结果表明，该协同制造任务与制造服务在零件类别概念上的语义相似度并不高。通过上述方法我们可以依次求出协同制造任务与制造服务的形状特征语义相似度以及材料特征语义相似度，最后运用（4.20）式即可计算出协同制造任务与制造服务的语义相似度。

三、基于能力约束的制造服务匹配算法

由上文论述可知，制造服务与协同制造任务的匹配主要从加工类型匹配、零件类别匹配、形状特征匹配、材料特征匹配以及精度与尺寸能力匹配等几个方面进行考虑。基于上述考虑，并参考不同概念在匹配过程中的权重，本书设计的制造服务匹配算法包括下面八个阶段：①加工类型匹配；②形状特征匹配；③材料特征匹配；④零件类别匹配；⑤精度特征匹配；⑥尺寸能力匹配；⑦用户定义的匹配；⑧各阶段匹配结果综合。算法对每一阶段独立进行匹配，最后将各阶段的匹配结果进行综合，从而获取最终匹配结果。

1. 加工类型匹配

该阶段主要确定协同制造任务所属加工类型与制造服务加工类型的匹配程度。对于加工类型的匹配会得到如表4－2所示的匹配结果。

表4－2　加工类型匹配结果

返回值	匹配结果	备注
0	FAIL	协同制造任务所属加工类型概念与制造服务加工类型概念为 Fail 关系、Relative 关系或 Subconcept 关系
1	MATCH	协同制造任务所属加工类型概念与制造服务加工类型概念为 Equivalent 关系

下面给出加工类型匹配算法的 Java 语言表示，其中 taskManuTypeConcept 表示协同制造任务所属加工类型概念；serviceManuTypeConcept 表示制造服务加工类型概念；reasoner 为 OWL 推理机（下同）。

```
public int manuTypeMatch (String taskManuTypeConcept, String serviceManuTypeConcept, Reasoner reasoner) {
    int match = reasoner. conceptMatch (taskManuTypeConcept, serviceManuTypeConcept);
    if (match = = reasoner. EQUIVALENT) {
    return MATCH;
    }
    else {
    return FAIL;
    }
    }
```

2. 形状特征匹配

该阶段主要确定协同制造任务的形状特征与制造服务的形状特征匹配程度。对于形状特征的匹配会得到如表 4－3 所示的匹配结果。

表 4－3　形状特征匹配结果

返回值	匹配结果	备注
0	FAIL	协同制造任务的形状特征概念与制造服务可加工的形状特征概念为 Fail 关系或 Relative 关系
1	SUBSUMES	协同制造任务的形状特征概念与制造服务可加工的形状特征概念为 Subconcept 关系
2	MATCH	协同制造任务的形状特征概念与制造服务可加工的形状特征概念为 Equivalent 关系

下面给出形状特征匹配算法的 Java 语言表示，其中 taskShapeConcept 表示协同制造任务的形状特征概念；serviceShapeConcept 表示制造服务可加工的形状特征概念。

```
public int shapeMatch (String taskShapeConcept, String serviceShapeConcept, Reasoner reasoner)
    {
    int match = reasoner. conceptMatch (taskShapeConcept, serviceShapeConcept);
    if (match == reasoner. EQUIVALENT) {
    return MATCH;
    }
    if (match == reasoner. SUBCONCEPT) {
    return SUBSUMES;
    }
    if (match == reasoner. RELATIVE) {
    return FAIL;
    }
    if (match == reasoner. FAIL) {
    return FAIL;
    }
    }
```

3. 材料特征匹配

该阶段主要确定协同制造任务的材料特征与制造服务可加工材料的匹配程度。对于材料特征的匹配会得到如表 4－4 所示的匹配结果。

表 4－4 材料特征匹配结果

返回值	匹配结果	备注
0	FAIL	协同制造任务的材料特征概念与制造服务可加工的材料特征概念为 Fail 关系或 Relative 关系
1	SUBSUMES	协同制造任务的材料特征概念与制造服务可加工的材料特征概念为 Subconcept 关系
2	MATCH	协同制造任务的材料特征概念与制造服务可加工的材料特征概念为 Equivalent 关系

下面给出材料特征匹配算法的 Java 语言表示，其中 taskMaterialConcept 表示协同制造任务的材料特征概念；serviceMaterialConcept 表示制造服务可加工材料特征概念。

```
public int materialMatch (String taskMaterialConcept, String serviceMaterialConcept, Reasoner reasoner)
    {
    int match = reasoner. conceptMatch (taskMaterialConcept, serviceMaterialConcept);
    if (match = = reasoner. EQUIVALENT) {
    return MATCH;
    }
    if (match = = reasoner. SUBCONCEPT) {
    return SUBSUMES;
    }
    if (match = = reasoner. RELATIVE) {
    return FAIL;
    }
    if (match = = reasoner. FAIL) {
    return FAIL;
    }
    }
```

4. 零件类别匹配

该阶段主要确定协同制造任务所属的零件类别与制造服务可加工的零件类别的匹配程度。对于零件类别的匹配会得到如表 4-5 所示的匹配结果。

表 4-5　零件类别匹配结果

返回值	匹配结果	备注
0	FAIL	协同制造任务所属的零件类别概念与制造服务可加工的零件类别概念为 Fail 关系
1	RELATIVE	协同制造任务所属的零件类别概念与制造服务可加工的零件类别概念为 Relative 关系
2	SUBSUMES	协同制造任务所属的零件类别概念与制造服务可加工的零件类别概念为 Subconcept 关系
3	MATCH	协同制造任务所属的零件类别概念与制造服务可加工的零件类别概念为 Equivalent 关系

下面给出零件类别匹配算法的 Java 语言表示，其中 taskPartConcept 表示协同制造任务所属的零件类别概念；servicePartConcept 表示制造服务可加工的零件类别概念。

```
public int partMatch (String taskPartConcept, String servicePartConcept, Reasoner reasoner)
    {
    int match = reasoner. conceptMatch (taskPartConcept, servicePartConcept);
    if (match = = reasoner. EQUIVALENT) {
    return MATCH;
    }
    if (match = = reasoner. SUBCONCEPT) {
    return SUBSUMES;
    }
    if (match = = reasoner. RELATIVE) {
    return RELATIVE;
    }
    if (match = = reasoner. FAIL) {
    return FAIL;
    }
    }
```

5. 精度特征匹配

该阶段主要确定制造服务的精度能力能否满足协同制造任务的要求。对于精度特征的匹配会得到如表4－6所示的匹配结果。

表4－6　精度特征匹配结果

返回值	匹配结果	备注
0	FAIL	制造服务的精度能力无法满足协同制造任务的要求
1	MATCH	制造服务的精度能力可以满足协同制造任务的要求

下面给出精度特征匹配算法的 Java 语言表示，其中 taskPrecision 表示协同制造任务的精度要求；servicePrecision 表示制造服务的精度能力。

```
public int precisionMatch (Float taskPrecision, Float servicePrecision)
    {
    if (taskPrecision ≥ servicePrecision) {
    return MATCH;
    }
    else {
    return FAIL;
    }
    }
```

6. 尺寸能力匹配

该阶段主要确定制造服务的尺寸能力能否满足协同制造任务的要求。对于尺寸能力的匹配会得到如表 4 -7 所示的匹配结果。

表 4 -7　尺寸能力匹配结果

返回值	匹配结果	备注
0	FAIL	制造服务的尺寸能力无法满足协同制造任务的要求
1	MATCH	制造服务的尺寸能力可以满足协同制造任务的要求

下面给出尺寸能力匹配算法的 Java 语言表示，其中 taskDimension 表示协同制造任务的尺寸要求；serviceDimension 表示制造服务的尺寸能力。

```
public int dimensionMatch (Float taskDimension, Float serviceDimension)
    {
    if (taskDimension ≤ serviceDimension) {
    return MATCH;
    }
    else {
    return FAIL;
    }
    }
```

7. 用户定义的匹配

匹配算法允许用户定义额外的匹配约束条件，如有关制造服务质量、制造服务提供商所在地理位置等方面的特殊匹配约束要求，从而使整个匹配结果更加完善。在用户定义的匹配中，算法采用 plug - in 的方式定义了额外的匹配函数（功能）。任何一个用户定义的匹配，其返回值或者是真（True）或者是假（False），用户定义的匹配具有最高权重，其返回值决定了整个制造服务匹配的成功与否。用户定义的匹配结果如表 4 -8 所示。

表 4-8 用户定义的匹配结果

返回值	匹配结果	备注
False	FAIL	至少有一个用户定义的匹配函数返回 False
True	MATCH	每一个用户定义的匹配函数都返回 True

下面给出用户定义匹配的算法 Java 语言表示，其中 userDefinedPlugIns 表示用户定义的匹配约束集合；manufacturingService 表示与协同制造任务进行匹配的制造服务。

```
public boolean userDefinedMatch (Vector userDefinedPlugIns, Service manufacturingService,
    Reasoner reasoner)
    {
    if (userDefinedPlugIns = = null) {
    return true;
    }
    for (int i = 0; i < userDefinedPlugIns. size (); i + +) {
    UserPlugIn plugIn = (UserPlugIn) userDefinedPlugIns. elementAt (i);
    if (! plugIn. match (manufacturingService, reasoner)) {
    return false;
    }
    }
    }
```

8. 各阶段匹配结果综合

最终的匹配结果由上述七个阶段匹配结果综合而成，该匹配结果即为前文中定义的制造服务匹配度。匹配结果综合的算法 Java 语言描述如下。

```
public int matchResultCombine (int shapeMatchDegree, int materialMatchDegree,
    int partMatchDegree, int precisionMatchResult,
    int dimensionMatchDegree, boolean userDefinedMatchResult
    )
    {
    if (! userDefinedMatchResult) {
    return 0;
    } else {
    if (manuTypeMatch = =1) {
```

续表

```
if ( (shapeMatchDegree = =2 && materialMatchDegree = =2 && partMatchDegree = =3 && precision-MatchResult = =1 && dimensionMatchDegree = =1) | | (shapeMatchDegree = =2 && materialMatch-Degree = =2 && partMatchDegree = =2 && precisionMatchResult = =1 && dimensionMatchDegree = =1)) {
    return 12;
    }
    else if (shapeMatchDegree = =2 && materialMatchDegree = =2 && partMatchDegree = =2 && precisionMatchResult = =1 && dimensionMatchDegree = =1) {
    return 11;
    }
    else if (shapeMatchDegree = =2 && materialMatchDegree = =2 && partMatchDegree = =1 && precisionMatchResult = =1 && dimensionMatchDegree = =1) {
    return 10;
    }
    else if (shapeMatchDegree = =2 && materialMatchDegree = =1 && partMatchDegree = =3 && precisionMatchResult = =1 && dimensionMatchDegree = =1) {
    return 9;
    }
    else if (shapeMatchDegree = =2 && materialMatchDegree = =1 && partMatchDegree = =2 && precisionMatchResult = =1 && dimensionMatchDegree = =1) {
    return 8;
    }
    else if (shapeMatchDegree = =2 && materialMatchDegree = =1 && partMatchDegree = =1 && precisionMatchResult = =1 && dimensionMatchDegree = =1) {
    return 7;
    }
    else if (shapeMatchDegree = =1 && materialMatchDegree = =2 && partMatchDegree = =3 && precisionMatchResult = =1 && dimensionMatchDegree = =1) {
    return 6;
    }
    else if (shapeMatchDegree = =1 && materialMatchDegree = =2 && partMatchDegree = =2 && precisionMatchResult = =1 && dimensionMatchDegree = =1) {
    return 5;
    }
    else if (shapeMatchDegree = =1 && materialMatchDegree = =2 && partMatchDegree = =1 && precisionMatchResult = =1 && dimensionMatchDegree = =1) {
    return 4;
    }
    else if (shapeMatchDegree = =1 && materialMatchDegree = =1 && partMatchDegree = =3 && precisionMatchResult = =1 && dimensionMatchDegree = =1) {
```

续表

```
return 3;
    }
    else if (shapeMatchDegree = =1 && materialMatchDegree = =1 && partMatchDegree = =2 &&
precisionMatchResult = =1 && dimensionMatchDegree = =1) {
    return 2;
    }
    else if (shapeMatchDegree = =1 && materialMatchDegree = =1 && partMatchDegree = =1 &&
precisionMatchResult = =1 && dimensionMatchDegree = =1) {
    return 1;
    }
    else {
    return 0;
    }
    }
    else {
    return 0;
    }
    }
    }
```

基于上述八个阶段，本书所提出的制造服务匹配算法描述如下：

（1）创建候选制造服务集合，该集合用于存放匹配过程中满足用户设定的匹配度要求的制造服务。

（2）将协同制造任务 OWL 描述文档基于上述八个阶段逐个与制造服务注册中心的制造服务 OWL 描述文档进行匹配，获取制造服务匹配度，并计算其语义相似度。

（3）如果制造服务匹配度大于等于用户设定的匹配度，则将该制造服务添加到候选制造服务集合中。

（4）重复步骤（2），直到与制造服务注册中心发布的服务全部匹配完毕。

（5）打开候选制造服务集合，对语义相似度计算结果按大小进行排序，从而实现对候选制造服务的排序。

本章小结

本章着重研究了基于能力约束的制造服务发现与匹配问题。首先，对制造服务发现问题进行了分析与形式化描述，阐述了制造服务发现的基本要求。然后，在总结 Web 服务发现技术研究现状及其存在问题的基础上，参考已有研究成果，设计了一个制造服务匹配引擎，该匹配引擎是制造服务注册中心的核心，能够很好地支持基于能力约束的制造服务发现与匹配。最后，本章给出了制造服务匹配度定义以及协同制造任务与制造服务的语义相似度计算方法，并在此基础上设计了制造服务匹配算法。

现有制造信息网站、电子商务网站一般采用分类搜索、关键词匹配和基于任务描述模板的搜索等信息检索和资源匹配的方法，系统返回结果包含大量对用户无用的信息，无法实现制造任务与制造能力的精确匹配。与现有方法相比，本章提出的基于能力约束的制造服务发现与匹配方法，引入了制造服务匹配度的概念并且能够在协同制造任务与制造服务的匹配过程中基于 OWL 推理机实现语义的智能推理与相似度计算，极大地提高了制造服务发现的效率与精确度。

第五章　协同制造链生成与优化

经过基于能力约束的制造服务发现与匹配后，针对协同制造链中每一个协同制造任务，协同制造链发起企业将获得一个满足该任务制造能力需求的候选制造服务集合。协同制造链生成与优化就是要在此基础上进一步完成制造服务的优化选择及排序，确定零件的最终加工顺序，生成协同制造链。

制造服务优化选择与排序是协同制造链构建的关键技术之一，本章将对该问题进行重点研究。在制造服务优化选择过程中，影响制造服务选择的因素很多，它们相互关联、相互制约，制造服务之间的比较需要进行大量的计算。因此，建立制造服务优化选择的综合评价指标体系，确定制造服务优化选择的数学模型和优化方法是非常必要的。本章首先对制造服务优化选择问题进行了分析，建立了该问题的数学模型，构建了一个制造服务综合评价指标体系；然后，在此基础上对模糊层次分析法与分枝隐枚举法相结合的制造服务优化选择策略进行了研究；最后，针对制造服务排序这一复杂的组合优化问题，研究了基于生物群体智能的制造服务排序策略。

第一节　制造服务优化选择

一、制造服务优化选择问题分析

在协同制造链中，零件的制造过程是由多个制造服务合作完成的，每个制造服务都是整个制造链中的一环，合适的制造服务是保证制造链畅通运转的必要条件。因此，要解决制造服务的优化选择问题，为协同制造链中每一个协同制造任务选择一个最佳制造服务。制造服务优化选择是一个十分复杂的系统性工作，除了需要一定的方法和技术支持外，制造服务优化选择过程本身及对于目标的确定也需要一般性的指导原则，下面首先对制造服务优化选择原则做一个阐述。

由本书第二章论述可知，协同制造链是为了快速响应变化的市场需求而提出的一种网络化制造动态联盟组织，它是针对企业核心能力的一种整合，即把自己短时间内不具备或不需要具备的能力转向依赖于发布在网上的制造服务。由此可见，协同制造链构建是以核心能力为基础的，它要求协同制造链发起企业首先必须遵循核心能力原则挑选制造服务提供商，完成零件的异地协同制造过程。由第三章的论述可知，制造服务是企业协同制造单元面向服务的封装，反映了企业的核心制造能力。在协同制造链构建过程中，经过基于能力约束的协同制造任务与制造服务匹配，协同制造链发起企业即可遵循核心能力原则完成制造服务的发现，这一问题在上一章已经得到解决。

另外，利润最大化一直是企业生产运作所追求的终极目标。在一定的收益范围内，成本越低，企业获得的利润越大。因此，协同制造链构建应追求低成本、高效率。此外，协同制造链的运行时间还必须满足零件计划工期的要求，即应在指定的工期约束条件下完成零件的制造过程。所以，协同制造链发起企业还应在满足指定的工期约束条件下遵循总成本最低原则进行制造服务选择，这也是本章制造服务优化选择问题的基本原则。基于该原则，制造服务优化选择问题可以描述为：针对协同制造链中每一个协同制造任务，从其候选制造服务集合中选择出一个最佳制造服务，使得协同制造链的总成本最低并且满足零件的计划工期约束，下面给出该问题的数学描述：

设协同制造链的协同制造任务集合为 $P = \left\{p_i \mid i = 1,2,3,\cdots, n\right\}$，由第四章的论述可知，经过基于能力约束的制造服务发现与匹配后，针对协同制造链中的协同制造任务 p_i，协同制造链发起企业将获取一个满足其能力需求的候选制造服务集合 $S_1^{(i)}$，设 $S_1^{(i)} = \left\{s_j^{(i)} \mid j = 1,2,3,\cdots,m\right\}$，其中 $s_j^{(i)}$ 表示 $S_1^{(i)}$ 中满足 p_i 能力需求的第 j 个候选制造服务。

一般来说，协同制造链的总成本由协同制造链的总管理成本和总运行成本组成。总管理成本是协同制造链发起企业在协同制造链全生命周期内所花费的协调、控制等费用，与制造服务选择不直接相关，我们将其略去。总运行成本包括两部分，一是所选择制造服务的内在成本，本书通过制造服务对相应协同制造任务的报价反映出来。设制造服务 $s_j^{(i)}$ 对于任务 p_i 的报价为 $c_j^{(i)}$，则任务 p_i 的内在成本 $c_{in}^{(i)}$ 可表示为：

$$c_{in}^{(i)} = \sum_{j=1}^{m} c_j^{(i)} x_j^{(i)} \tag{5.1}$$

$$\text{s.t.}\begin{cases} \sum_{j=1}^{m} x_j^{(i)} = 1 & \text{只能为 } p_i \text{ 选择一个最佳制造服务} \\ x_j^{(i)} = \begin{cases} 0 \\ 1 \end{cases} & \begin{matrix} \text{没有选择制造服务 } s_j^{(i)} \\ \text{选择了制造服务 } s_j^{(i)} \end{matrix} \end{cases} \tag{5.2}$$

总运行成本的另一组成部分是物流成本，主要表现为制造服务节点之间的零件运输成本。设任务 p_{i+1} 的候选制造服务集合 $S_1^{(i+1)} = \left\{s_k^{(i+1)} \mid k = 1,2,3,\cdots,l\right\}$，则任务 p_i 与任务 p_{i+1} 之间的物流成本 $c_{link}^{(i,i+1)}$ 可表示为：

$$c_{link}^{(i,i+1)} = \sum_{j=1}^{m} \sum_{k=1}^{l} c_{link}^{(j,k)} x_j^{(i)} x_k^{(i+1)} \tag{5.3}$$

$$
\text{s.t.}\begin{cases}
\sum_{j=1}^{m} x_j^{(i)} = 1 & \text{只能为 } p_i \text{ 选择一个最佳制造服务} \\
x_j^{(i)} = \begin{cases} 0 \\ 1 \end{cases} & \begin{matrix} \text{没有选择制造服务 } s_j^{(i)} \\ \text{选择了制造服务 } s_j^{(i)} \end{matrix} \\
\sum_{k=1}^{l} x_k^{(i+1)} = 1 & \text{只能为 } p_{i+1} \text{ 选择一个最佳制造服务} \\
x_k^{(i+1)} = \begin{cases} 0 \\ 1 \end{cases} & \begin{matrix} \text{没有选择制造服务 } s_k^{(i+1)} \\ \text{选择了制造服务 } s_k^{(i+1)} \end{matrix}
\end{cases}
\tag{5.4}
$$

（5.3）式中，$c_{link}^{(j,k)}$ 为零件在制造服务 $s_j^{(i)}$ 与 $s_k^{(i+1)}$ 之间的物流成本，可以通过这两个制造服务提供商之间的地理距离以及当前运价求出。由（5.1）式和（5.3）式可得协同制造链总运行成本 C：

$$
C = \sum_{i=1}^{n} c_{in}^{(i)} + \sum_{i=1}^{n-1} c_{link}^{(i,i+1)} \tag{5.5}
$$

基于总成本最低原则并考虑零件计划工期约束，制造服务优化选择问题的数学模型如下：

目标函数为：$min\ C$ （5.6）

$$
\text{s.t.}\begin{cases}
\sum_{i=1}^{n}\sum_{j=1}^{m} t_j^{(i)} x_j^{(i)} \leqslant T \\
\sum_{j=1}^{m} x_j^{(i)} = 1 \quad \text{只能为 } p_i \text{ 选择一个最佳制造服务} \\
x_j^{(i)} = \begin{cases} 0 & \text{没有选择制造服务 } s_j^{(i)} \\ 1 & \text{选择了制造服务 } s_j^{(i)} \end{cases}
\end{cases}
\tag{5.7}
$$

（5.7）式中，$t_j^{(i)}$ 为制造服务 $s_j^{(i)}$ 对于任务 p_i 的预计完成时间，T 为零件的计划工期。

通过以上分析，我们可知制造服务优化选择问题的实质是：在给定的约束条件下（工期），求目标函数（成本）最优的一个 0—1 整数规划问题。为了提高该问题的求解效率，我们需要压缩解空间规模。对于该问题，我们可以通过减少任务 p_i 所对应的候选制造服

务集合 $S_1^{(i)}$ 中元素的个数来压缩解空间规模，即首先对 $S_1^{(i)}$ 中的制造服务进行初选。本书使用模糊层次分析法对 $S_1^{(i)}$ 中制造服务进行综合评价，为任务 p_i 初选出两个潜在制造服务，这是一个集合求解优化问题，可采用以下模型进行描述：

假设 1　对于任务 p_i 的候选制造服务集合 $S_1^{(i)}$ ，有 h 个评价指标（设为 $f_1, f_2, \cdots, f_h$ ）来衡量这些制造服务的优劣，在进行制造服务优化选择时，必须基于上述评价指标对候选制造服务进行全面考虑。

假设 2　最后初选出的潜在制造服务集合 $S_{opt}^{(i)}$ 包括 q 个潜在制造服务，显然有 $q \leqslant m$ ，本书 $q \leqslant 2$ ，即为任务 p_i 最多选择出两个潜在制造服务。

定义 5.1　定义权重因子 ω_g 为第 g 个评价指标对制造服务选择决策的影响程度。

定义 5.2　定义决策值 X_{jg} 为制造服务 $s_j^{(i)}$ 的第 g 个评价指标经过量化后的决策取值。

则候选制造服务集合 $S_1^{(i)}$ 的初选问题可表示为：

$$\min \sum_{g=1}^{h} \omega_g \times X_{jg} \tag{5.8}$$

（5.8）式中，$g = 1,2,\cdots,h$ ，$j = 1,2,\cdots,m$ 。该问题的优化取值并不难求得，关键是权重因子 ω_g 及评价指标决策值 X_{jg} 的确定。

二、制造服务综合评价指标体系

通过上文对制造服务优化选择问题进行的分析可知，作为协同制造链发起企业，为每个协同制造任务初选出合适的潜在制造服务集合无疑是非常重要的。对制造服务进行评价是做出选择的前提，而建立一个科学的评价指标体系则是进行评价的良好基础。与一般的评价决策问题相同，制造服务评价指标体系的建立也有一些基本要求，其指标体系设置的一般原则可归纳为：

（一）系统全面性原则

首先，指标数量的多少及其体系的结构形式要以系统优化为原则，即应以较少的指标（数量较少、层次较少）全面、系统地反映制造服务的内容，避免指标体系过于庞杂；其次，应该兼顾各方面的指标，保证对制造服务进行全面、综合的评价。

（二）科学性原则

设计制造服务评价指标体系时，首先，要有科学的理论作指导，使评价指标体系能够在基本概念和逻辑结构上严谨、合理，能够抓住制造服务的实质；其次，评价指标体系必须是客观的抽象描述，对客观实际抽象描述得越清楚、越简练、越符合实际，科学性就越强。

（三）灵活可操作性原则

首先，评价指标体系应具有足够的灵活性，以便使协同制造链发起企业能够根据自己的特点及实际情况对指标灵活运用。其次，评价指标所需的数据要易于采集，无论是定性指标还是定量指标，其信息来源渠道必须可靠，并且容易取得。否则，评价工作将难以进行或代价太大。

如第二章所述，协同制造链可以近似地看作一个面向零件制造过程的供应链。在供应链合作伙伴评价指标设置方面，国内外已有大量的相关研究。华中科技大学 CIMS2 供应链管理课题组 1997 年所进行的一次统计调查显示，我国企业在选择合作伙伴时的主要标准如表 5－1 所示[95]。波士顿大学的一个研究小组追踪了约十年间 212 家美国公司的竞争指标优先级别的变化，总结出了美国公司的成功因素，其结果如表 5－2 所示[96]。总体来说，目前一般认为在国际市场竞争中，时间（T）、质量（Q）、成本（C）、服务（S）是成功的关键因素。

表5－1　我国企业在选择合作伙伴时的主要标准

选择标准	产品质量	价格	交货提前期	批量柔性	品种多样性	提前期价格折中	提前期批量折中
百分比	98.5	92.4	69.7	54.5	45.5	30.3	21

表5－2　美国公司的成功因素

1990年	1992年	1994年	1996年
1. 质量的一致性	1. 质量的一致性	1. 质量的一致性	1. 质量的一致性
2. 及时交货	2. 产品的可靠性	2. 产品的可靠性	2. 产品的可靠性
3. 产品的可靠性	3. 及时交货	3. 及时交货	3. 及时交货
4. 性能质量	4. 性能质量	4. 性能质量	4. 快速交货
5. 低价格	5. 低价格	5. 低价格	5. 低价格
		6. 新产品导入速度	6. 性能质量

本书在调查和总结相关研究成果的基础上，遵循上文所述的评价指标体系设置原则，对制造服务评价指标体系进行了分层构建，从T、Q、C、S、制造服务提供商合作信誉（MSCS）、制造服务提供商合作经验（MSCE）、制造服务语义相似度（SSD）等几个方面进行综合分析，建立了如图5－1所示的制造服务综合评价指标体系。

在图5－1中，制造服务综合评价指标体系共包括两个层次，第一个层次是目标层，包括七个方面：时间（T）、质量（Q）、成本（C）、服务（S）、制造服务提供商合作信誉（MSCS）、制造服务提供商合作经验（MSCE）以及制造服务语义相似度（SSD）。第二个层次是影响制造服务选择的具体因素。该指标体系主要通过制造服务提供商针对协同制造任务反馈的工期来实现对任务完成时间的评价；通过毛坯质量、过程质量、管理质量来综合评价制造服务的质量水平；通过制造服务提供商对协同制造任务的报价完成成本评价；通过制造信息反馈情况、零件交付准时程度、质量跟踪服务以及服务响应速度来对制造服务提供商的服务水平进行评价；基于客户评价的历史数据与专家意见完成对制造服务提供商合作信誉与

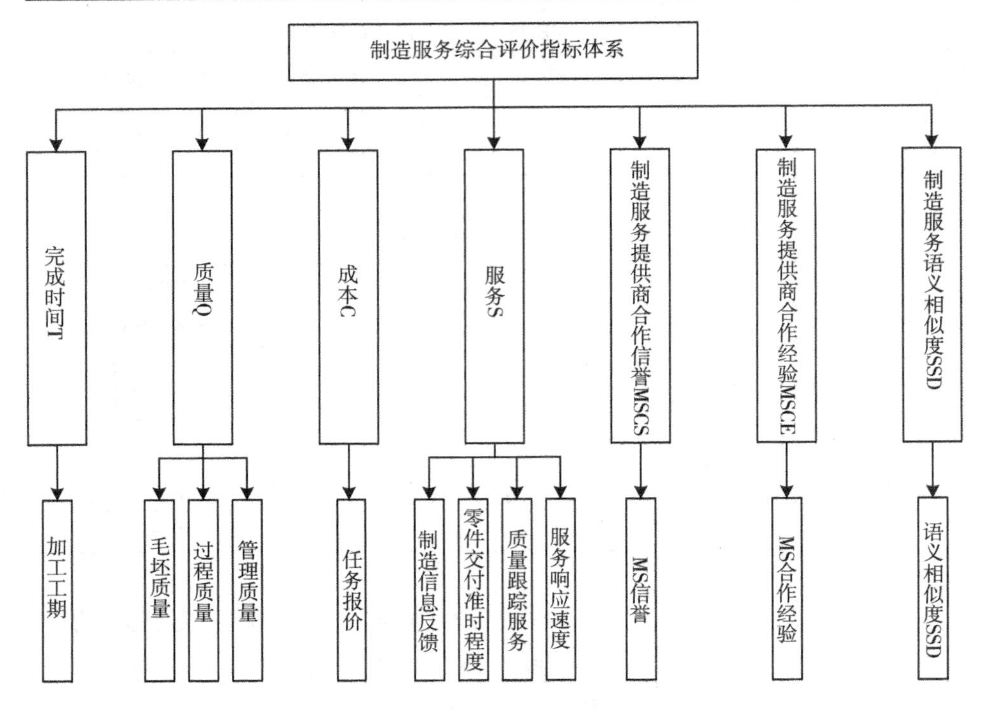

图 5－1　制造服务综合评价指标体系

合作经验的评价；制造服务语义相似度用来衡量制造服务与协同制造任务在制造能力上的匹配程度，其取值已在制造服务发现与匹配阶段计算得出（本书第四章已对此进行了详细论述）。上述七个指标可以分为两类，T、C、SSD 是可以准确量化的，Q、S、MSCS、MSCE 是一些较抽象、模糊的概念，不能进行准确量化。因此，对于这样的决策选择，需要一种定性和定量综合判断的方法。目前，用于综合评价的定性、定量及定性与定量相结合的方法众多，如模糊数学、神经网络、遗传算法、层次分析法等。本书将模糊数学与层次分析法相结合，利用模糊层次分析法对制造服务进行综合评价。

三、模糊层次分析法原理

层次分析法是美国运筹学家 T. L. Satty 提出的一种定性与定量相结合的系统分析方法[97][98]，现已广泛用于决策、预测、评估等方面，是系统工程的常用方法。而模糊层次分析法（FAHP）则是模糊数学[99][100]和层次分析法相结合的产物，FAHP 的主要思想可以归结为：对于一个复杂的多规则评价问题，可以将评价指标划分成层次，对同一层次上的指标，通过成对的重要程度比较，组成比较矩阵，并通过对各个层次的分析导出对整个问题的分析，然后通过排序计算，即可求出评价指标体系中各指标的权重。基于各指标与评语的模糊关系以及各指标的权重，通过模糊综合评判即可得到最终评判结果。应用模糊层次分析法进行制造服务综合评价与初选的基本原理如下：

（一）基于制造服务综合评价指标体系构造两两比较矩阵

假定制造服务综合评价指标体系的上一层元素 C_k 对于下一层元素中的 $A_1, A_2, \cdots, A_n$ 有支配关系，则可以建立起以 C_k 为判断准则的元素 $A_1, A_2, \cdots, A_n$ 间的两两比较矩阵 A，其形式如下：

$$A = \begin{bmatrix} a_{11} & a_{12} & \cdots & a_{1n} \\ a_{21} & a_{22} & \cdots & a_{2n} \\ \cdots & \cdots & \cdots & \cdots \\ a_{n1} & a_{n2} & \cdots & a_{nn} \end{bmatrix}$$

矩阵 A 是一个互反矩阵，其中 a_{ij} 表示 A_i 与 A_j 相比较的重要程度，通常采用 T. L. Satty 等人提出的 9 级标度法（如表 5－3 所示）给 a_{ij} 赋值，即用 1～9 表示各元素之间的两两相对重要性 a_{ij}，用其倒数表示不重要性 a_{ji}。

表 5-3　两两因素重要性比较的 9 级标度

优先度	取值	代表含义
a_{ij}	1	A_i 与 A_j 同等重要
	3	A_i 比 A_j 稍微重要
	5	A_i 比 A_j 明显重要
	7	A_i 比 A_j 重要得多
	9	A_i 与 A_j 相比，其是绝对的重要
	2，4，6，8	用来表示两个相邻判断之间的折中取值
a_{ji}	上述取值的倒数	进行反比较时的取值，即 A_j 对 A_i 的优先度

（二）单准则排序，确定单层指标权重

这一步就是要求出 n 个因素 $A_1, A_2, \cdots, A_n$ 相对于 C_k 的相对重要性权值。设针对某一准则，各元素的权重向量为：$W = (w_1, w_2, w_3, \cdots, w_n)^T$，则可以通过求解下列方程得到 W：

$$AW = \lambda_{max} W \tag{5.9}$$

（5.9）式中，λ_{max} 是比较矩阵 A 的最大特征值，λ_{max} 所对应的特征向量即为所求的权重系数 W，通常可以基于乘幂法[187]进行计算。

（三）进行一致性检验，判断比较矩阵逻辑性

为了避免比较矩阵 A 的逻辑性混乱，需要对 A 进行一致性检验，通过其相对一致性指标 CR 来衡量，CR 可由（5.10）式求出：

$$CR = \frac{\lambda_{max} - n}{(n-1)RI} \tag{5.10}$$

（5.10）式中，n 为 A 的维数，RI 为平均随机一致性指标，1～11 阶矩阵的 RI 取值可参考 T. L. Satty 给出的 RI 与 n 的对应数值表（见表 5-4）。一般来说，CR 越小，A 的一致性越好。当 $CR \leqslant 0.1$ 时，即认为 A 具有满意一致性，否则，必须调整 A 中 a_{ij} 的取值，重新构造两两比较矩阵，使之具有满意一致性。

表 5－4　多阶比较矩阵的平均随机一致性指标

阶数 n	1	2	3	4	5	6	7	8	9	10	11
RI	0	0	0.58	0.90	1.12	1.24	1.32	1.41	1.45	1.49	1.51

（四）层次综合排序，确定综合权重

在单准则排序的基础上，可进一步计算出每一层次中各个元素相对于总目标的综合权重，并进行综合判断与一致性检验，即层次综合排序。设制造服务综合评价指标体系第 $k-1$ 、k 层分别有 m 、n 个元素，则有：$W_k = \left[w_{ij}\right]_{n*m}$ ，w_{ij} 为第 k 层第 i 个元素针对第 $k-1$ 层第 j 个元素的相对权重，则第 k 层元素相对于总目标的综合权重向量 W'_k 可由下式求得：

$$W'_k = W_k \times W_{k-1} \times \cdots \times W_2 \times W_1 \tag{5.11}$$

其他各层相对于总目标的综合权重向量可依相同的方法求得，如此即可得到综合评价指标体系中各个元素相对于总目标的权重。另外，对于层次综合排序也需要进行一致性检验，方法同前。

（五）建立制造服务评语集

针对制造服务评价指标体系中的定性指标，如质量、合作经验、合作信誉等，建立评语集 $V = \left\{v_1, v_2, v_3, \cdots, v_m\right\}$ ，本书确定为五级评语，即：v_1 － 很差；v_2 － 差；v_3 － 一般；v_4 － 好；v_5 － 很好。

（六）构造制造服务评价信息模糊关系矩阵 R

设 $U = \left\{u_1, u_2, \cdots, u_i, \cdots, u_n\right\}$ 为制造服务综合评价指标体系中构成的有限集合，U 中各因素的权重为 $W' = (w_1, w_2, \cdots, w_n)$ ，w_i 表示 U 中第 i 种因素的权重。基于评语集 V 对 U 中单因素 u_i 进行评价，从而可以诱导出 U 与 V 之间的模糊关系，该关系可由模糊关系

矩阵 $R = \begin{bmatrix} r_{11} & r_{12} & \cdots & r_{1m} \\ r_{21} & r_{22} & \cdots & r_{2m} \\ \cdots & \cdots & \cdots & \cdots \\ r_{n1} & r_{n2} & \cdots & r_{nm} \end{bmatrix}$ 表示。对于定性指标，R 中的数值 r_{ij} 可以直接通过对制造服务的评价信息进行归一化处理求得；为了保证定性指标和定量指标属性值的兼容性，对于定量指标，需要将定量指标无量纲化。对于效益型指标（越大越好型）采用（5.12）式转化，对于成本型指标（越小越好型，如时间、成本等）采用（5.13）式转化。

$$q_{ij}^{*} = \frac{q_{ij}}{\sum_{k=1}^{l} q_{kj}} \tag{5.12}$$

$$q_{ij}^{*} = \left[q_{ij} \left(\sum_{k=1}^{l} q_{kj}^{-1} \right) \right]^{-1} \tag{5.13}$$

（5.12）、（5.13）式中 l 表示候选制造服务集合中元素的个数，q_{ij} 为第 i 个制造服务的第 j 个指标的属性值，q_{ij}^{*} 为 q_{ij} 相对应的无量纲属性值。经归一化处理，将 q_{ij}^{*} 变换到 $[0,1]$ 区间，其相对评语集的模糊隶属度可由梯形模糊数 (a,b,c,d) 求得，如（5.14）式：

$$\mu_{W}(u) = \begin{cases} 0 & 0 \leqslant u \leqslant a, u > d \\ \dfrac{u-a}{b-a} & a \leqslant u \leqslant b \\ 1 & b \leqslant u \leqslant c \\ 1 - \dfrac{u-c}{d-c} & c \leqslant u \leqslant d \end{cases} \tag{5.14}$$

本书定义评语等级模糊数如下：很差：(0, 0, 0.3, 0.4)、差：(0.3, 0.4, 0.5, 0.6)、一般：(0.5, 0.6, 0.7, 0.8)、好：(0.7, 0.8, 0.9, 1.0)、很好：(0.9, 0.9, 0.9, 1)。基于（5.12）、（5.13）、（5.14）式，即可求得各定量指标的模糊隶属度。

（七）综合评价

设模糊集 $\underline{B} = (b_1, b_2, \cdots, b_m)$，其中 $b_j (j = 1, 2, \cdots, m)$ 反映了

第j个评语v_j在综合评判中所占的地位，$\underset{\sim}{B}$依赖于各个因素的权重W'。得到模糊关系矩阵R后，即可进行综合评判$\underset{\sim}{B} = R \cdot W'$。$R \cdot W'$取不同类型的运算，就有不同的模糊综合评判模型，也称为模糊综合评判的模糊算子[101]。常用的模型有：主因素突出模型$Model(\bullet, \vee)$、主因素决定模型$Model(\wedge, \vee)$、加权平均模型$Model(\bullet, \oplus)$等，其运算公式分别如下：

$Model(\bullet, \vee)$：

$$b_j = \bigvee_{i=1}^{n}(r_{ij}w_i) = \max(r_{1j}w_1, r_{2j}w_2, \cdots, r_{nj}w_n) \tag{5.15}$$

$Model(\wedge, \vee)$：

$$b_j = \bigvee_{i=1}^{n}(r_{ij} \wedge w_i) = \max\left\{\min(r_{1j}, w_1), \min(r_{2j}, w_2), \cdots, \min(r_{nj}, w_n)\right\} \tag{5.16}$$

$Model(\bullet, \oplus)$：

$$b_j = \min\{1, \sum_{i=1}^{n} r_{ij}w_i\} \tag{5.17}$$

由于主因素决定模型$Model(\wedge, \vee)$具有较好的代数性质，故本书采用该模型进行综合评价。最后，对应用模糊评价法得到的每个制造服务的模糊集$\underset{\sim}{B}$进行归一化处理，根据最大隶属度原则[101]即可为每个协同制造任务初选出两个潜在制造服务。

四、基于模糊层次分析法的制造服务综合评价

本节将结合某型号航空发动机关键零件的加工过程说明应用模糊层次分析法进行制造服务综合评价的具体实现过程。由第二章的论述可知，该零件的加工过程包含15个任务，分别是：粗铣前端面、粗铣后端面、粗铣结合面、粗车前槽、粗车后槽、粗铣外型面、精铣结合面、精研结合面、精铣前端面、精铣后端面、精铣外型面、精车前槽、精车后槽、镗前安装边孔、镗后安装边孔。以精铣外型面为例，该任务经过基于能力约束的制造服务发现与匹配后，其候选制造服务集合$S_1^{(11)}$包含5个制造服务$\left\{s_1^{(11)}, s_2^{(11)}, s_3^{(11)}, s_4^{(11)}, s_5^{(11)}\right\}$，

应用模糊层次分析法进行综合评价过程如下：

（1）根据评价指标体系，应用层次分析法确定各评价指标的权重系数。

首先，根据评价指标体系，对于质量 Q，建立一个 3 阶的比较矩阵：

$$A_1 = \begin{bmatrix} 1 & 3 & 5 \\ \frac{1}{3} & 1 & 3 \\ \frac{1}{5} & \frac{1}{3} & 1 \end{bmatrix};$$

对于服务 S，建立一个 4 阶的比较矩阵：

$$A_2 = \begin{bmatrix} 1 & \frac{1}{9} & \frac{1}{4} & \frac{1}{3} \\ 9 & 1 & 9 & 9 \\ 4 & \frac{1}{9} & 1 & 3 \\ 3 & \frac{1}{9} & \frac{1}{3} & 1 \end{bmatrix};$$

对于总目标，建立一个 7 阶的比较矩阵：

$$A_3 = \begin{bmatrix} 1 & 6 & 5 & 6 & 7 & 9 & 9 \\ \frac{1}{6} & 1 & \frac{1}{4} & \frac{1}{3} & 2 & 5 & 5 \\ \frac{1}{5} & 4 & 1 & 3 & 4 & 6 & 6 \\ \frac{1}{6} & 3 & \frac{1}{3} & 1 & 3 & 4 & 4 \\ \frac{1}{9} & \frac{1}{2} & \frac{1}{4} & \frac{1}{3} & 1 & 3 & 3 \\ \frac{1}{9} & \frac{1}{5} & \frac{1}{6} & \frac{1}{4} & \frac{1}{3} & 1 & 1 \\ \frac{1}{9} & \frac{1}{5} & \frac{1}{6} & \frac{1}{3} & \frac{1}{3} & 1 & 1 \end{bmatrix}。$$

然后，根据（5.9）式计算出 A_1、A_2 和 A_3 的最大特征值及其所对应的特征向量，分别为：$\lambda_{1\max} = 3.03851$，$W_1 = \{3.03851,$

1.23206，0.49957｝；λ_{2max} =4.24603，W_2 =｛0.25554，4.24603，0.81108，0.46480｝；λ_{3max} =7.57025，W_3 =｛7.57025，1.34306，3.24938，1.90317，0.88404，0.43477，0.43477｝。经归一化处理得：W'_1 =｛0.63699，0.25829，0.10473｝，W'_2 =｛0.044231，0.73493，0.14039，0.08045｝，W'_3 =｛0.47854，0.08490，0.20540，0.12031，0.05588，0.02748，0.02748｝。依照（5.10）式对 A_1 、A_2 和 A_3 进行一致性检验，均具有满意一致性。

最后，应用（5.11）式计算得到各评价指标相对于总目标的综合权重系数为 W' =｛0.47854，0.08490，0.13084，0.05305，0.021512，0.12031，0.002472，0.04107，0.007845，0.00450，0.02748，0.02748｝。

（2）进行模糊综合评价，初步筛选制造服务。

模糊评价中所需的制造服务评语集 V 、评价指标集 U 及其权重，已由前面给出。基于专家、用户的评价以及制造服务提供商提供的信息，对于满足精铣外型面制造能力需求的5个制造服务 $\left\{s_1^{(11)},s_2^{(11)},s_3^{(11)},s_4^{(11)},s_5^{(11)}\right\}$ 的评价数据见表5－5，表中SSD的指标值在基于能力约束的制造服务发现与匹配阶段计算得出，T和C为制造服务提供商反馈的具体定量指标（T的单位为天，C的单位为千元），其余均为定性指标。对于定性指标，表中的数据表示对于该指标，选择相应评语的用户或专家数目。

表5－5　某零件精铣外型面的候选制造服务评价信息

制造服务		SSD	T	Q			C	S				MSCS	MSCE
				毛坯	过程	管理		意见反馈	交付准时	跟踪服务	响应速度		
$s_1^{(11)}$	v_1	0.81	30	15	16	20	40	21	25	29	26	16	56
	v_2			61	13	34		19	29	19	23	46	24
	v_3			12	14	14		30	16	13	15	13	15
	v_4			13	10	26		10	20	1	10	10	2
	v_5			15	5	9		9	10	2	1	1	0

续表

制造服务		SSD	T	Q			C	S				MSCS	MSCE
				毛坯	过程	管理		意见反馈	交付准时	跟踪服务	响应速度		
$s_2^{(11)}$	v_1	0.51	45	58	88	58	38	77	86	73	71	65	82
	v_2			54	24	45		52	46	12	24	46	42
	v_3			10	16	23		19	32	4	11	21	10
	v_4			12	12	10		13	19	8	3	3	2
	v_5			8	9	2		5	6	2	2	5	4
$s_3^{(11)}$	v_1	0.53	39	57	87	86	41	59	68	57	45	62	53
	v_2			26	19	31		21	16	46	21	16	24
	v_3			34	38	52		34	29	42	52	53	23
	v_4			10	20	16		30	4	26	12	21	25
	v_5			2	1	8		2	4	5	6	3	4
$s_4^{(11)}$	v_1	0.89	12	10	12	15	14	8	10	8	9	5	3
	v_2			15	14	18		15	16	12	15	18	18
	v_3			60	23	26		19	23	4	16	45	46
	v_4			96	80	79		86	62	94	86	79	76
	v_5			28	57	51		28	43	27	16	27	44
$s_5^{(11)}$	v_1	0.72	38	26	59	45	35	37	79	49	54	63	15
	v_2			31	41	41		19	45	31	23	45	41
	v_3			26	14	21		25	16	19	16	25	63
	v_4			30	19	21		19	26	2	21	12	4
	v_5			10	9	9		10	10	3	5	10	2

对于制造服务 $s_1^{(11)}$，其定性指标 Q、S、MSCS、MSCE 经归一化处理后可直接用于构造模糊关系矩阵 $R_1^{(11)}$；而对于定量指标则需要按照模糊数的方法进行处理。由于 SSD 本身即为一无量纲值，故可直接应用（5.14）式进行计算，得到其模糊隶属度为（0，0，0，1，0）。对于 T = 30 和 C = 40，应用（5.13）、（5.14）式计算得到的模糊隶属度分别为（1，0，0，0，0）和（1，0，0，0，0）。这样就获得制造服务 $s_1^{(11)}$ 的模糊关系矩阵：

$$R_1^{(11)}=\begin{bmatrix} 0 & 0 & 0 & 1 & 0 \\ 1 & 0 & 0 & 0 & 0 \\ 0.12931 & 0.52586 & 0.10345 & 0.11207 & 0.12931 \\ 0.27586 & 0.22414 & 0.24138 & 0.17241 & 0.08621 \\ 0.19417 & 0.33010 & 0.13592 & 0.25243 & 0.08738 \\ 1 & 0 & 0 & 0 & 0 \\ 0.23600 & 0.21348 & 0.33708 & 0.11236 & 0.10112 \\ 0.25 & 0.29 & 0.16 & 0.20 & 0.10 \\ 0.45313 & 0.29688 & 0.20313 & 0.01563 & 0.03125 \\ 0.34667 & 0.30667 & 0.2 & 0.13333 & 0.01333 \\ 0.18605 & 0.53488 & 0.15116 & 0.11628 & 0.01163 \\ 0.57732 & 0.24742 & 0.15464 & 0.02062 & 0 \end{bmatrix}$$

对于该模糊关系矩阵应用模型 $Model(\wedge, \vee)$ 计算综合评判 $\underset{\sim}{B}$，根据（5.16）式计算得到综合评判 $\underset{\sim}{B}_1^{(11)} = \{0.13209, 0.14135, 0.10567, 0.48881, 0.13209\}$。运用同样方法可求出制造服务 $s_2^{(11)}$、$s_3^{(11)}$、$s_4^{(11)}$、$s_5^{(11)}$ 的综合评判，分别为：

$\underset{\sim}{B}_2^{(11)} = \{0.15389, 0.56284, 0.11762, 0.09939, 0.06626\}$、

$\underset{\sim}{B}_3^{(11)} = \{0.12828, 0.46918, 0.29413, 0.076002, 0.032413\}$、

$\underset{\sim}{B}_4^{(11)} = \{0.057407, 0.14158, 0.14158, 0.51784, 0.14158\}$、

$\underset{\sim}{B}_5^{(11)} = \{0.12808, 0.12808, 0.46846, 0.19579, 0.07959\}$。最后，依照最大隶属度原则即可从综合评判结果中选择出两个较好的制造服务，分别为：$s_1^{(11)}$、$s_4^{(11)}$。

五、基于分枝隐枚举法的制造服务选择

由前文的论述可知，制造服务的优化选择问题实质是一个0—1

整数规划问题，在运筹学中分枝隐枚举法[101]是求解 0—1 整数规划的一种有效方法。因此，本书基于分枝隐枚举法进行制造服务优化选择，其基本思想如下：

由（5.5）式可知，制造服务优化选择问题的目标函数包括协同制造链内在成本和协同制造链物流成本两个部分。通常情况下，与协同制造链内在成本相比，协同制造链物流成本在总成本中所占比例较小，对其先暂不考虑。这样制造服务优化选择问题的数学模型即简化为：

$$\min C_{in} = \sum_{i=1}^{n} c_{in}^{(i)} \tag{5.18}$$

$$\text{s. t.} \begin{cases} \sum_{i=1}^{n}\sum_{j=1}^{m} t_j^{(i)} x_j^{(i)} \leqslant T \\ \sum_{j=1}^{m} x_j^{(i)} = 1 & \text{只能为 } p_i \text{ 选择一个最佳制造服务} \\ x_j^{(i)} = \begin{cases} 0 & \text{没有选择制造服务 } s_j^{(i)} \\ 1 & \text{选择了制造服务 } s_j^{(i)} \end{cases} \end{cases} \tag{5.19}$$

（5.18）式中，C_{in} 为协同制造链总内在成本。对于该问题，运用分枝隐枚举法可方便地求出其最优解，从而获取协同制造链最小总内在成本 $C_{in}^{\min}$ 。在获得 $C_{in}^{\min}$ 后，再进一步考虑问题中所包含的协同制造链物流成本，为了便于问题描述，特做如下假设：

假设 3 设经过制造服务综合评价后，p_i 的潜在制造服务集合为 $S_2^{(i)} = \left\{s_j^{(i)} \mid j = 1,2,3,\cdots,m'\right\}$ ，p_{i+1} 的潜在制造服务集合为 $S_2^{(i+1)} = \left\{s_k^{(i+1)} \mid k = 1,2,3,\cdots,l'\right\}$ ，则 p_i 与 p_{i+1} 之间的物流成本集合 $C_{link}^{(i,i+1)} = \left\{c_{link}^{(j,k)} \mid j = 1,2,3,\cdots,m';k = 1,2,3,\cdots,l'\right\}$ ，其中 $c_{link}^{(j,k)}$ 为制造服务 $s_j^{(i)}$ 与 $s_k^{(i+1)}$ 之间的物流成本，由于本书为每个协同制造任务初选了两个潜在制造服务，显然有 $m' = l' = 2$ 。

假设 4 设 $\Delta c_{link}^{(i,i+1)}$ 为集合 $C_{link}^{(i,i+1)}$ 中任意两个元素（物流成本）的最大差值，则有：

$$\Delta c_{link}^{(i,i+1)} = \max\left\{c_{link}^{(1,1)},\cdots,c_{link}^{(m',l')}\right\} - \min\left\{c_{link}^{(1,1)},\cdots,c_{link}^{(m',l')}\right\} \quad (5.20)$$

假设 5　设经过制造服务综合评价后，协同制造链各可选制造服务之间物流成本的最大差值为 ΔC_{link}，则有：

$$\Delta C_{link} = \sum_{i=1}^{n-1} \Delta c_{link}^{(i,i+1)} \quad (5.21)$$

在考虑协同制造链物流成本的情况下，建立如（5.22）式所示的约束条件：

$$\sum_{i=1}^{n} c_{in}^{(i)} \leqslant C_{in}^{\min} + \Delta C_{link} \quad (5.22)$$

继续运用分枝隐枚举法求出同时满足（5.19）式与（5.22）式所述约束条件的制造服务组合。对于求解出的制造服务组合，再进一步依据（5.5）式计算其总成本，总成本最小的制造服务组合即为最优组合，由此即为每个协同制造任务选出了最佳制造服务。

下面继续结合某型号航空发动机关键零件这一实例说明应用分枝隐枚举法进行制造服务优化选择的具体实现过程。设该批零件需在 150 天内加工完成，经过制造服务综合评价后，各协同制造任务对应的制造服务及其相关数据如表 5－6 所示。表中粗铣前、后端面；粗车前、后槽；精铣前、后端面；精车前、后槽；镗前、后安装边孔等任务所选取的制造服务均为同一个制造服务，我们对其进行合并处理。

表 5－6　某零件各协同制造任务所选制造服务及其相关数据

协同制造任务	制造服务	报价（千元）	联结成本（千元）	工期（天）
粗铣前、后端面	$s_1^{(1)}$	22	$c_{link}^{(1,2)}=1$，$c_{link}^{(2,4)}=1.15$	30
	$s_2^{(1)}$	23.1	$c_{link}^{(1,4)}=1.2$，$c_{link}^{(2,2)}=1.1$	28
粗铣结合面	$s_2^{(3)}$	12.5	$c_{link}^{(2,1)}=1.05$，$c_{link}^{(2,5)}=1.5$	10
	$s_4^{(3)}$	13.5	$c_{link}^{(4,1)}=1.1$，$c_{link}^{(4,5)}=1.8$	9
粗车前、后槽	$s_1^{(4)}$	18	$c_{link}^{(1,1)}=1.25$，$c_{link}^{(1,4)}=1.55$	8
	$s_5^{(4)}$	17	$c_{link}^{(5,1)}=1.15$，$c_{link}^{(5,4)}=1.8$	10

续表

协同制造任务	制造服务	报价（千元）	联结成本（千元）	工期（天）
粗铣外型面	$s_1^{(6)}$	18	$c_{link}^{(1,4)}=1.7$，$c_{link}^{(1,5)}=1.6$	17
	$s_4^{(6)}$	15	$c_{link}^{(4,4)}=1.2$，$c_{link}^{(4,5)}=1.5$	20
精铣结合面	$s_4^{(7)}$	16	$c_{link}^{(4,2)}=1.3$，$c_{link}^{(4,6)}=1.7$	11
	$s_5^{(7)}$	18	$c_{link}^{(5,2)}=1.15$，$c_{link}^{(5,6)}=1.5$	9
精研结合面	$s_2^{(8)}$	21	$c_{link}^{(2,1)}=1.85$，$c_{link}^{(2,7)}=1.15$	14
	$s_6^{(8)}$	19	$c_{link}^{(6,1)}=1.4$，$c_{link}^{(6,7)}=1.7$	17
精铣前、后端面	$s_1^{(9)}$	30	$c_{link}^{(1,1)}=2.05$，$c_{link}^{(1,4)}=1.95$	28
	$s_7^{(9)}$	28	$c_{link}^{(7,1)}=1.9$，$c_{link}^{(7,4)}=1.1$	32
精铣外型面	$s_1^{(11)}$	40	$c_{link}^{(1,4)}=1.05$，$c_{link}^{(1,5)}=1.55$	30
	$s_4^{(11)}$	14	$c_{link}^{(4,4)}=1.7$，$c_{link}^{(4,5)}=1.15$	12
精车前、后槽	$s_4^{(12)}$	20	$c_{link}^{(4,1)}=1$，$c_{link}^{(4,7)}=1.6$	6
	$s_5^{(12)}$	18	$c_{link}^{(5,1)}=1.05$，$c_{link}^{(5,7)}=1.25$	8
镗前、后安装边孔	$s_1^{(14)}$	16		4
	$s_7^{(14)}$	14		6

算法具体步骤如下：

（1）根据（5.18）式构造问题简化后的目标函数。

对于该零件则有：

$$\min C_{in}=22x_1^{(1)}+23.1x_2^{(1)}+12.5x_2^{(3)}+13.5x_4^{(3)}+18x_1^{(4)}+17x_5^{(4)}+18x_1^{(6)}+15x_4^{(6)}+16x_4^{(7)}+18x_5^{(7)}+21x_2^{(8)}+19x_6^{(8)}+30x_1^{(9)}+28x_7^{(9)}+40x_1^{(11)}+14x_4^{(11)}+20x_4^{(12)}+18x_5^{(12)}+16x_1^{(14)}+14x_7^{(14)} \tag{5.23}$$

将（5.23）式先按同一协同制造任务对应的系数差值由小到大进行排列；对于系数差值相同的，则进一步按系数由小到大进行排列，可得：

$$\min C_{in}=12.5x_2^{(3)}+13.5x_4^{(3)}+17x_5^{(4)}+18x_1^{(4)}+22x_1^{(1)}+23.1x_2^{(1)}+14x_7^{(14)}+16x_1^{(14)}+16x_4^{(7)}+18x_5^{(7)}+18x_5^{(12)}+20x_4^{(12)}+19x_6^{(8)}+21x_2^{(8)}+28x_7^{(9)}+30x_1^{(9)}+15x_4^{(6)}+18x_1^{(6)}+14x_4^{(11)}+40x_1^{(11)} \tag{5.24}$$

此时，约束条件为：

$$
\text{s. t.}\begin{cases}
10x_2^{(3)}+9x_4^{(3)}+10x_5^{(4)}+8x_1^{(4)}+30x_1^{(1)}+28x_2^{(1)}+6x_7^{(14)}+4x_1^{(14)}+\\
11x_4^{(7)}+9x_5^{(7)}+8x_5^{(12)}+6x_4^{(12)}+17x_6^{(8)}+14x_2^{(8)}+32x_7^{(9)}+28x_1^{(9)}+\\
20x_4^{(6)}+17x_1^{(6)}+12x_4^{(11)}+30x_1^{(11)}\leqslant 150\\
x_1^{(1)},x_2^{(1)},x_2^{(3)},x_4^{(3)},\cdots,x_1^{(14)},x_7^{(14)}=0,1\\
x_1^{(1)}+x_2^{(1)}=1\\
\vdots\\
x_1^{(14)}+x_7^{(14)}=1
\end{cases}
\tag{5.25}
$$

（2）取 $X^{(0)}=(1,0,1,0,1,0,1,0,1,0,1,0,1,0,1,0,1,0,1,0)$ 为试探解。

令 S_0 为（5.24）式取 $X^{(0)}$ 时的值，显然 S_0 是目标函数 C_{in} 一切可能取值中的最小者。如果 $X^{(0)}$ 满足所有约束条件，则 $X^{(0)}$ 是最优解，计算停止。否则转下一步。

（3）取 $X^{(1)}=(0,1,1,0,1,0,1,0,1,0,1,0,1,0,1,0,1,0,1,0)$ 为试探解。

令 S_1 为（5.24）式取 $X^{(1)}$ 时的值，显然 S_1 仅小于 S_0。如果 $X^{(1)}$ 满足所有约束条件，则 $X^{(1)}$ 是最优解，计算停止。否则照此规律继续取试探解，直至求得最优解为止。

对于该零件，系统经过 26 次试探之后，得试探解 $X^{(25)}=(0,1,0,1,1,0,1,0,1,0,1,0,1,0,0,1,1,0,1,0)$ 为最优解，此时 $C_{in}^{\min}=179.5$。

（4）考虑物流成本，构造新约束条件，继续试探。

根据（5.20）式与（5.21）式计算得 $\Delta C_{link}=5.55$，依据（5.22）式构造如下约束条件：

$$
\begin{aligned}
&12.5x_2^{(3)}+13.5x_4^{(3)}+17x_5^{(4)}+18x_1^{(4)}+22x_1^{(1)}+23.1x_2^{(1)}+\\
&14x_7^{(14)}+16x_1^{(14)}+16x_4^{(7)}+18x_5^{(7)}+18x_5^{(12)}+20x_4^{(12)}+19x_6^{(8)}+21x_2^{(8)}+\\
&28x_7^{(9)}+30x_1^{(9)}+15x_4^{(6)}+18x_1^{(6)}+14x_4^{(11)}+40x_1^{(11)}\leqslant 179.5+5.55
\end{aligned}
\tag{5.26}
$$

在原有基础上继续试探，得到同时满足（5.25）式与（5.26）

式的解，有以下几组：

$X^{(26)}=(0,1,0,1,1,0,1,0,1,0,1,0,1,0,1,0,0,1,1,0)$，

$X^{(28)}=(0,1,0,1,0,1,0,1,1,0,1,0,1,0,1,0,1,0,1,0)$，

$X^{(29)}=(0,1,0,1,0,1,1,0,0,1,1,0,1,0,1,0,1,0,1,0)$，

$X^{(30)}=(0,1,0,1,0,1,1,0,1,0,0,1,1,0,1,0,1,0,1,0)$，

$X^{(31)}=(0,1,0,1,0,1,1,0,1,0,1,0,0,1,1,0,1,0,1,0)$，

$X^{(32)}=(0,1,0,1,0,1,1,0,1,0,1,0,1,0,0,1,1,0,1,0)$，

$X^{(33)}=(0,1,0,1,0,1,1,0,1,0,1,0,1,0,1,0,0,1,1,0)$，

$X^{(35)}=(0,1,0,1,0,1,0,1,0,1,1,0,1,0,1,0,1,0,1,0)$，

$X^{(36)}=(0,1,0,1,0,1,0,1,1,0,0,1,1,0,1,0,1,0,1,0)$，

$X^{(37)}=(0,1,0,1,0,1,0,1,1,0,1,0,0,1,1,0,1,0,1,0)$，

$X^{(38)}=(0,1,0,1,0,1,0,1,1,0,1,0,1,0,0,1,1,0,1,0)$，

$X^{(39)}=(0,1,0,1,0,1,0,1,1,0,1,0,1,0,1,0,0,1,1,0)$，

$X^{(41)}=(0,1,0,1,0,1,0,1,0,1,0,1,1,0,1,0,1,0,1,0)$，

$X^{(42)}=(0,1,0,1,0,1,0,1,0,1,1,0,0,1,1,0,1,0,1,0)$，

$X^{(43)}=(0,1,0,1,0,1,0,1,0,1,1,0,1,0,0,1,1,0,1,0)$。

（5）计算总成本，选取最优解。

对于上述满足要求的试探解，依据（5.5）式计算其总成本，所得结果如下：$X^{(25)}$：190.65；$X^{(26)}$：193；$X^{(28)}$：192.3；$X^{(29)}$：192.4；$X^{(30)}$：193.4；$X^{(31)}$：191.55；$X^{(32)}$：193.55；$X^{(33)}$：193.7；$X^{(35)}$：194.4；$X^{(36)}$：194.3；$X^{(37)}$：193.35；$X^{(38)}$：194.25；$X^{(39)}$：195.5；$X^{(41)}$：196.9；$X^{(42)}$：195.5；$X^{(43)}$：196.95。试探解 $X^{(25)}$ 所对应的总成本最小，且能够满足工期要求，所以 $X^{(25)}$ 为最优解。其对应的制造服务分别为：$s_1^{(1)}$、$s_4^{(3)}$、$s_1^{(4)}$、$s_4^{(6)}$、$s_4^{(7)}$、$s_6^{(8)}$、$s_1^{(9)}$、$s_4^{(11)}$、$s_5^{(12)}$、$s_7^{(14)}$，上述制造服务即为各协同制造任务最终选择的最佳制造服务。

第二节　基于生物群体智能的制造服务排序

一、制造服务排序问题分析

工艺排序描述了零件从毛坯到成品的全过程，是零件工艺规划的核心内容之一[102]。由第二章 COPP 的定义可知，COPP 是一个由并行制造任务集 UP 构成的具有偏序关系的集合，UP 内的协同制造任务尚未确定先后加工顺序。因此，在协同制造链构建过程中，需要完成对零件 COPP 中所有 UP 内协同制造任务的排序工作，以确定零件的最终加工顺序。由协同制造链的演化过程可知，经过基于能力约束的制造服务发现与匹配以及制造服务优化选择后，COPP 中每一个协同制造任务均对应一个制造服务。此时，协同制造任务排序问题就相应地转化为对各制造服务的排序问题。下面给出制造服务排序的定义：

制造服务排序是指按照一定的策略与算法，正确、合理地安排协同制造链中各制造服务之间的先后顺序。

传统工艺规程编制中的排序问题约束复杂，必须考虑诸如加工方法、加工对象、零件形状、精度要求等因素，经验性和个性很强，难以建立数学模型求解。与传统的工艺排序不同，制造服务排序是在 COPP 基础之上进行的。在 COPP 的构建过程中已完成了零件的制造工艺性分析，并按照“先基准后其他、先主后次、先粗后精、先面后孔”等工艺规则将 COPP 中协同制造任务合理划分成了若干并行制造任务集 UP，故对每一个 UP 内部协同制造任务的加工顺序进行安排时无须考虑工艺性约束。因此，对各协同制造任务所对应的制造服务进行排序时，将不再考虑诸如加工方法、加工精度、技术要求等影响因素，仅从加工路线的角度出发，为零件异地协同制造过程规划出一条最优的加工路径，使零件以最短的运输时间、最低的运输成本在各制造服务提供商之间流转，从而高效地完成零件制造过程。下面给出制造服务排序问题的形式化描述：

定义 5.3 设 COPP 中包含 h 个并行制造任务集 UP_i（$i = 1, 2, \cdots, h$），定义 $V_i = \left\{v_1^{(i)}, v_2^{(i)}, \cdots, v_m^{(i)}\right\}$ 为完成 UP_i 中各协同制造任务的制造服务提供商集合；为便于问题描述，特定义当 $i = 0$ 时，$V_0 = \left\{v_1^{(0)}\right\}$，其中 $v_1^{(0)}$ 表示协同制造链发起企业。

由 COPP 的定义可知集合 V_i 具有如下偏序关系：$V_0 < V_1 < V_2 < \cdots < V_h < V_0$。该偏序关系表示零件毛坯由协同制造链发起企业流出，在协同制造链的各制造服务提供商之间流转加工，最终以成品形式重新返回到协同制造链发起企业。

定义 5.4 定义 $(v_{\pi(1)}^{(i)}, v_{\pi(2)}^{(i)}, \cdots, v_{\pi(m)}^{(i)})$ 为经过 V_i 中每个制造服务提供商正好一次的路径，设 V_i 中每对制造服务提供商 $v_k^{(i)}, v_l^{(i)}$ 间的地理距离为 $d(v_k^{(i)}, v_l^{(i)}) \in R^+$，$D_i$ 为经过 V_i 中每个制造服务提供商一次的路径总距离，则有：

$$D_i = \sum_{k=1}^{m-1} d(v_{\pi(k)}^{(i)}, v_{\pi(k+1)}^{(i)})$$

这里 $(\pi(1), \pi(2), \cdots, \pi(m))$ 为 $(1, 2, \cdots, m)$ 的一个置换，显然如果 $m = 1$，则有 $D_i = 0$。

定义 5.5 定义 S_i 为 V_i 中第 $\pi(m)$ 个制造服务提供商与 V_{i+1} 中第 $\pi(1)$ 个制造服务提供商之间的地理距离。显然，当 $i < h$ 时，$S_i = d(v_{\pi(m)}^{(i)}, v_{\pi(1)}^{(i+1)})$；由顺序关系 $V_0 < V_1 < V_2 < \cdots < V_h < V_0$ 可知，当 $i = h$ 时，$S_h = d(v_{\pi(m)}^{(h)}, v_1^{(0)})$。

基于上述定义，制造服务排序问题可描述为求每个 V_i 的 $(\pi(1), \pi(2), \cdots, \pi(m))$，使得协同制造链总距离 P 最短，P 可由下式求出：

$$P = \sum_{i=0}^{h} D_i + \sum_{i=0}^{h} S_i \tag{5.27}$$

二、蚂蚁算法基本原理

群居昆虫的集体，常表现出“智能”的行为，如蜜蜂筑巢、蚂蚁觅食等，这种行为像是一个预先设计并在总指挥监督下协同进行的过程，整个整体像一个有智慧的“个人”。我们把群居昆虫以集体的力量，进行觅食、御敌、筑巢的能力称为群体智能[188]。群居性生物群体行为所涌现出的群体智能正越来越得到人们的重视。一些启发于群居性生物的寻食、打扫巢穴等行为而设计的算法较好地解决了组合优化、通信网络和机器人等领域的实际问题。来源于蚂蚁觅食行为的蚂蚁算法由于其新颖的全局优化能力，已应用在多方面的研究中。Colorni[103][104]、Dorigo[105]和 Gambardella[106]等将其应用于典型的 NP 难组合优化问题上（如二次分配问题、车间作业进度问题等）取得了较好的成绩；Dorigo[105]采用蚂蚁算法解决了传统的 TSP（Traveling Salesman Problem）问题，取得了优于 Hopfield 神经网络的性能；此外，蚂蚁算法还被广泛地应用于电信网[107]以及 IP[108]网中寻找路由，均获得了满意的结果。下面介绍蚂蚁算法的基本原理。

Deneubourg[109]、Beckers[110]的研究表明，蚂蚁具有找到蚁巢与食物之间最短路径的能力，这种能力是靠其在所经过的路径上留下一种挥发性分泌物——信息素（Pheromone）来实现的，该物质随着时间的推移会逐渐挥发。蚂蚁在一条路上前进时，会留下挥发性信息素，后来的蚂蚁选择该路径的概率与当时这条路径上该物质的浓度成正比。对于一条路径，选择它的蚂蚁越多，则该路径上留下的信息素浓度就越高，而浓度高的信息素会吸引更多的蚂蚁，从而形成一种正反馈。通过这种正反馈，蚂蚁最终可以寻找到食物的最佳（短）路径，具体原理如图 5 - 2 所示。

如图 5 - 2（a）所示，A 为蚁巢，E 为食物源，蚂蚁要从蚁巢 A 出发到达 E，得到食物再返回，在 A 和 E 之间有一障碍物，这样就分别在 B 点和 D 点形成了分岔路口，并且 BCD 比 BHD 距离要

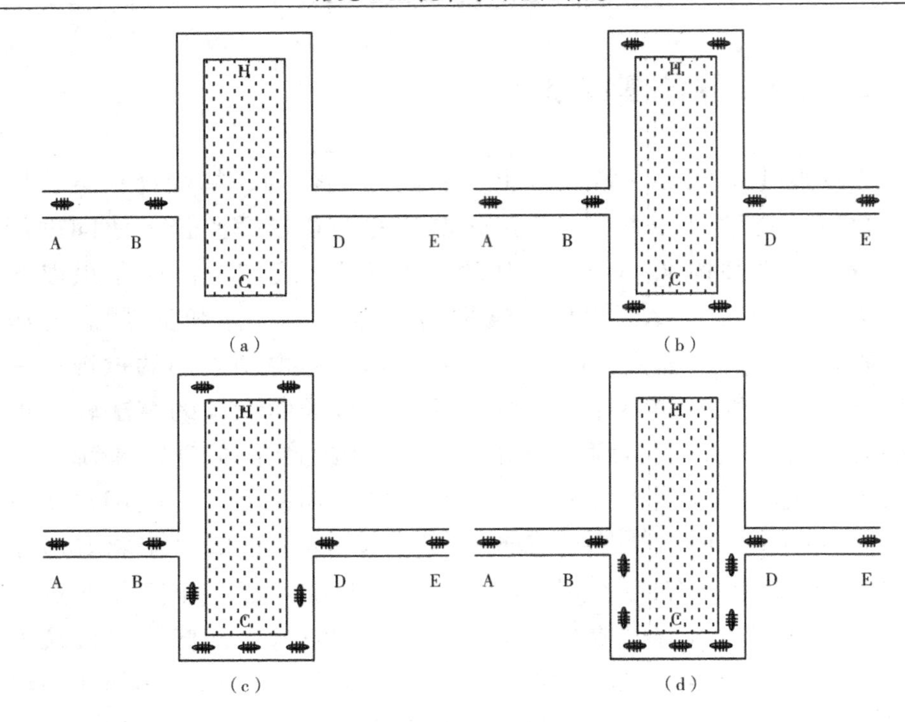

图5－2　蚂蚁算法基本原理

短。第一批蚂蚁到达分岔路口时，由于没有信息素可依，只能以同样的概率选择路径，结果是一半的蚂蚁走BCD，另一半蚂蚁走BHD，如图5－2（b）所示，并在途中分别留下信息素。假设蚂蚁都具有相同的速度，则信息素的挥发性会使蚂蚁在较短的路径（BCD）上留下的信息素浓度较高。由于蚂蚁会以大的概率选择信息素浓度较高的路径，所以后来的蚂蚁（重新出发的和从E点返回的）多数会走下一条路径（BCD），如图5－2（c）所示，这就导致该路径上的信息素浓度继续增大，从而该路径会吸引更多的蚂蚁。经过一段时间后，两条路径上信息素浓度就会有明显的区别，这就会使新到来的蚂蚁选择较短路径的概率越来越大，不久绝大多数蚂蚁都将选择这条较短的路径，如图5－2（d）所示。

从以上的过程可以看出，蚂蚁行为的实质是简单个体的自组织行为体现出的群体行为。每个蚂蚁行为对环境产生影响，环境的改变进而对蚁群行为产生控制压力，影响其他蚂蚁的行为。通过这种机制，简单的蚂蚁个体可以相互影响、相互协作，完成一些复杂的任务。自组织使得蚁群的行为趋向结构化，其原因就是在于包含了一个正反馈的过程，这也是蚂蚁算法最重要的特征。

三、基于蚂蚁算法的制造服务排序

由前文的论述可知，制造服务排序问题可简单表述为按 $V_0 < V_1 < V_2 < \cdots < V_h < V_0$ 偏序关系，寻找一条访问协同制造链中所有集合 V_i（$i = 0,1,\cdots,h$）中每个制造服务提供商且仅访问一次的最短长度闭环路径。下面描述蚂蚁算法求解该问题的主要过程。

首先设置蚂蚁访问路径的初始信息素浓度，需要设置的路径包括：V_i 内部各制造服务提供商之间存在的所有路径以及 V_i 与 V_{i+1} 中存在的制造服务提供商两两之间的路径（如果 $i = h$，则为 V_h 与 V_0）。在每次搜索开始时，设有 q 只蚂蚁被安放在随机选择的制造服务提供商上，蚂蚁各自开始自己的搜索过程。如第 g 只蚂蚁被放入到 V_i 中的制造服务提供商 $v_k^{(i)}$ 上，在具体搜索过程中，蚂蚁 g 首先沿着距离短而且信息素浓度较高的路径访问 V_i 中的下一个制造服务提供商。如果蚂蚁 g 已访问完 V_i 中全部制造服务提供商，则仍基于距离和信息素浓度去访问下一个集合 V_{i+1} 中的制造服务提供商（如果 $i = h$，则访问 V_0 中的 $v_1^{(0)}$），直至将协同制造链中的制造服务提供商全都访问遍。当所有蚂蚁完成访问后，即进行全局信息素浓度的更新，每只蚂蚁根据它们已完成的周游路径距离更新它们走过路径的信息素浓度。信息素浓度的更新完成后，检查所有蚂蚁的访问结果，记录由蚂蚁找到的最短路径。重复上述过程直到所有蚂蚁都走同一路线，或达到用户定义的最大周游次数。

在具体求解过程中，每个蚂蚁的行为符合下列规律：

（1）根据路径上信息素浓度，以相应的概率来选择下一个制造服务提供商。

蚂蚁依据以制造服务提供商之间距离和路径上信息素浓度为变

量的概率函数选择下一个制造服务提供商，设 $\tau_{kl}^{(i)}(t)$ 为 t 时刻 V_i 中制造服务提供商 $v_k^{(i)}$ 与 $v_l^{(i)}$ 之间路径上的信息素浓度，则第 g 只蚂蚁从 $v_k^{(i)}$ 到 $v_l^{(i)}$ 的概率为：

$$p_{kl}^{g(i)}(t) = \begin{cases} 1 & v_l^{(i)} \in allow_g^{(i)}, d(v_k^{(i)}, v_l^{(i)}) = 0 \\ \dfrac{\left[\tau_{kl}^{(i)}(t)\right]^{\alpha} \times \left[\eta_{kl}^{(i)}\right]^{\beta}}{\sum\limits_{v_s^{(i)} \in allow_g^{(i)}} \left[\tau_{ks}^{(i)}(t)\right]^{\alpha} \times \left[\eta_{ks}^{(i)}\right]^{\beta}} & v_l^{(i)} \in allow_g^{(i)}, d(v_k^{(i)}, v_l^{(i)}) \neq 0 \\ 0 & v_l^{(i)} \notin allow_g^{(i)} \end{cases} \tag{5.28}$$

其中，$\eta_{kl}^{(i)} = 1/d(v_k^{(i)}, v_l^{(i)})$，$d(v_k^{(i)}, v_l^{(i)})$ 表示 $v_k^{(i)}$ 与 $v_l^{(i)}$ 之间的距离，$d(v_k^{(i)}, v_l^{(i)}) = 0$ 表示两个制造服务提供商位于同一个城市；α, β 分别表示蚂蚁运动过程中控制信息素浓度与路径距离的相对重要性参数（$0 \leqslant \alpha \leqslant 5$、$1 \leqslant \beta \leqslant 5$）；$allow_g^{(i)}$ 表示第 g 只蚂蚁在 V_i 中下一步可以选择的制造服务提供商的集合，即 V_i 中尚未访问过的制造服务提供商的集合。

同理，第 g 只蚂蚁从 V_i 中的 $v_k^{(i)}$ 到 V_{i+1} 中的 $v_j^{(i+1)}$ 的概率可由下式求出：

$$p_{kj}^{g(i,i+1)}(t) = \begin{cases} 1 & v_j^{(i+1)} \in V_{i+1}, d(v_k^{(i)}, v_j^{(i+1)}) = 0 \\ \dfrac{\left[\tau_{kj}^{(i,i+1)}(t)\right]^{\alpha} \times \left[\eta_{kj}^{(i,i+1)}\right]^{\beta}}{\sum\limits_{v_s^{(i+1)} \in V_{i+1}} \left[\tau_{ks}^{(i,i+1)}(t)\right]^{\alpha} \times \left[\eta_{ks}^{(i,i+1)}\right]^{\beta}} & v_j^{(i+1)} \in V_{i+1}, d(v_k^{(i)}, v_j^{(i+1)}) \neq 0 \\ 0 & v_j^{(i+1)} \notin V_{i+1} \end{cases} \tag{5.29}$$

其中，$\tau_{kj}^{(i,i+1)}(t)$ 为 t 时刻 V_i 中制造服务提供商 $v_k^{(i)}$ 与 V_{i+1} 中制造服务提供商 $v_j^{(i+1)}$ 之间路径上的信息素浓度；$d(v_k^{(i)}, v_j^{(i+1)}) = 0$ 表示 $v_k^{(i)}$ 与 $v_j^{(i+1)}$ 位于同一个城市。

（2）通过禁忌表控制蚂蚁走合法路线。

设 $tabu_g$ 表示第 g 只蚂蚁的禁忌表，$tabu_g$ 用于保存第 g 只蚂蚁所有已访问的制造服务提供商。完成一次周游后，$tabu_g$ 可用于计算蚂蚁当前的解（也就是蚂蚁走过的路径），然后将 $tabu_g$ 清空，为下一次周游做准备。

（3）完成一次周游后，根据整个路径长度来释放相应浓度的信息素，并进行全局信息素浓度的更新。

完成周游后，每一只蚂蚁在它访问的路径上留下信息素。随着时间的消逝，信息素逐渐挥发，用 ρ 表示信息素的持续程度，则 $1-\rho$ 就表示信息素的挥发程度（ $0.1 \leqslant \rho \leqslant 0.99$ ，ρ 取 0.7 左右为佳），经过 n 个时刻，蚂蚁完成一次周游后，V_i 内部路径上的信息素根据下式进行调整：

$$\tau_{kl}^{(i)}(t+n) = \rho \times \tau_{kl}^{(i)}(t) + \Delta\tau_{kl}^{(i)} \tag{5.30}$$

$$\Delta\tau_{kl}^{(i)} = \sum_{g=1}^{q} \Delta\tau_{kl}^{g(i)} \tag{5.31}$$

$\Delta\tau_{kl}^{(i)}$ 是本次周游后所有蚂蚁在 $v_k^{(i)}$ 与 $v_l^{(i)}$ 之间路径上留下的信息素增量之和，$\Delta\tau_{kl}^{g(i)}$ 是 t 到 $t+n$ 时刻第 g 只蚂蚁在 $v_k^{(i)}$ 与 $v_l^{(i)}$ 之间留下的信息素增量，它可由下式求出：

$$\Delta\tau_{kl}^{g(i)} = \begin{cases} \dfrac{Q}{L_g} & (v_k^{(i)}, v_l^{(i)}) \in tabu_g \text{ 描述的路径} \\ 0 & (v_k^{(i)}, v_l^{(i)}) \notin tabu_g \text{ 描述的路径} \end{cases} \tag{5.32}$$

其中，Q 是一个常数（ $1 \leqslant Q \leqslant 10000$ ），L_g 是第 g 只蚂蚁本次周游路径总长度。

同样，对于 V_i 与 V_{i+1} 的制造服务提供商之间路径的信息素也可依据上述方法进行调整，其计算公式分别为：

$$\tau_{kj}^{(i,i+1)}(t+n) = \rho \times \tau_{kj}^{(i,i+1)}(t) + \Delta\tau_{kj}^{(i,i+1)} \tag{5.33}$$

$$\Delta\tau_{kj}^{(i,i+1)} = \sum_{g=1}^{q} \Delta\tau_{kj}^{g(i,i+1)} \tag{5.34}$$

$$\Delta\tau_{kj}^{g(i,i+1)} = \begin{cases} \dfrac{Q}{L_g} & (v_k^{(i)}, v_j^{(i+1)}) \in tabu_g \text{ 描述的路径} \\ 0 & (v_k^{(i)}, v_j^{(i+1)}) \notin tabu_g \text{ 描述的路径} \end{cases} \tag{5.35}$$

以上是蚂蚁算法模型，这是一个循环递推过程，很容易在计算机上实现。为了下文算法描述方便，特定义集合 C 为完成协同制造链中各协同制造任务的制造服务提供商集合（如一个制造服务提供商完成多个任务，则该制造服务提供商将在集合中出现多次）。基于该模型，制造服务排序的蚂蚁算法描述如下：

第一步：初始化。

$NC_{max} = 1000$ //设定蚂蚁最大周游次数为 1000 次；

$NC = 0$ //初始化循环计数器；

for $i = 0$ to h {

$\tau_{kl}^{(i)}(t) = c$ ，$\Delta\tau_{kl}^{(i)} = 0$ //设置 V_i 内部路径信息素浓度为 c（c 为常数），增量初始值为 0；

if $i < h$

$\tau_{kj}^{(i,i+1)}(t) = c$ ，$\Delta\tau_{kj}^{(i,i+1)} = 0$ //设置 V_i 与 V_{i+1} 之间路径信息素浓度与增量的初始值；

else

$\tau_{k1}^{(h,0)}(t) = c$ ，$\Delta\tau_{k1}^{(h,0)} = 0$ //设置 V_h 与 V_0 之间路径信息素浓度与增量的初始值；

}

第二步：初始化禁忌表与子禁忌表。

$s = 1$ //将禁忌表指针置于最顶部，s 表示禁忌表的指针；

for $i = 0$ to h {

$s^{(i)} = 1$ //将子禁忌表指针置于最顶部，$s^{(i)}$ 表示子禁忌表的指针；

}

for $g = 1$ to q {

$Random(C)$ //将第 g 只蚂蚁置于随机选择的制造服务提供商上，设该制造服务提供商为 $v_k^{(i)}$ ；

$tabu_g(s) = v_k^{(i)}$ //将第 g 只蚂蚁的起始制造服务提供商置于禁忌表中；

$tabu_g^{(i)}(s^{(i)}) = v_k^{(i)}$ //将第 g 只蚂蚁的起始制造服务提供商置于

对应的子禁忌表中，$tabu_g^{(i)}(s^{(i)})$ 用来保存该蚂蚁在 V_i 中所有已访问的制造服务提供商；

}

第三步：蚂蚁进行周游。

for $g = 1$ to q {

for $sPnum = 1$ to $|C|$ { // $|C|$ 表示集合 C 中元素的个数；

if $s^{(i)} < |V_i|$ // V_i 中制造服务提供商尚未访问完，$|V_i|$ 表示 V_i 中制造服务提供商的个数；

{

根据（5.28）式计算概率 $p_{kl}^{g(i)}(t)$，选择下一个制造服务提供商，设为 $v_l^{(i)}$；

$s = s + 1$，$s^{(i)} = s^{(i)} + 1$ //禁忌表指针加 1；

$tabu_g(s) = v_l^{(i)}$，$tabu_g^{(i)}(s^{(i)}) = v_l^{(i)}$ //将第 g 只蚂蚁移动至 $v_l^{(i)}$ 并将 $v_l^{(i)}$ 插入禁忌表中；

}

else // V_i 中制造服务提供商已访问完；

{

if$i < h$ // V_i 不是协同制造链中最后一个制造服务提供商集合 V_h；

{

根据（5.29）式计算概率 $p_{kj}^{g(i,i+1)}(t)$，选择下一个制造服务提供商，设为 $v_j^{(i+1)}$；

$s = s + 1$，$s^{(i+1)} = 1$ //禁忌表指针加 1；

$tabu_g(s) = v_j^{(i+1)}$，$tabu_g^{(i+1)}(s^{(i+1)}) = v_j^{(i+1)}$ //将第 g 只蚂蚁移动至 $v_j^{(i+1)}$，将 $v_j^{(i+1)}$ 插入禁忌表中；

$i = i + 1$ //蚂蚁进入下一个制造服务提供商集合 V_{i+1}；

}

else //已周游至协同制造链中最后一个集合 V_h；

{

$s = s + 1$，$s^{(0)} = 1$ //禁忌表指针加 1；

$tabu_g(s) = v_1^{(0)}$，$tabu_g^{(0)}(s^{(0)}) = v_1^{(0)}$ //将第 g 只蚂蚁移动至 $v_1^{(0)}$（协同制造链发起企业），并将其插入禁忌表中；

$i = 0$ //蚂蚁进入集合 V_0；

}

}

}

}

第四步：记录最短路径，更新全局信息素浓度。

for $g = 1$ to q {

$L_g = 0$

for $s = 1$ to $|C| - 1$ {

$L_g = L_g + d(tabu_g(s), tabu_g(s+1))$

} //根据所有蚂蚁的 $tabu_g$ 表，计算各自周游路径的总长度；

根据（5.32）、（5.35）式计算第 g 只蚂蚁在 $v_k^{(i)}$ 与 $v_l^{(i)}$ 之间留下的信息素增量 $\Delta\tau_{kl}^{g(i)}$、$\Delta\tau_{kj}^{g(i,i+1)}$；

}

根据（5.31）、（5.34）式计算本次周游后所有蚂蚁在 $v_k^{(i)}$ 与 $v_l^{(i)}$ 之间路径上留下的信息素增量之和 $\Delta\tau_{kl}^{(i)}$、$\Delta\tau_{kj}^{(i,i+1)}$；

根据（5.30）、（5.33）式进行全局信息素浓度的更新；

$NC = NC + 1$ //循环计数器加 1；

for $i = 0$ to h {

$\Delta\tau_{kl}^{(i)} = 0$ //设置 V_i 内部路径信息素增量为 0；

if $i < h$

$\Delta\tau_{kj}^{(i,i+1)} = 0$ //设置 V_i 与 V_{i+1} 之间路径信息素增量为 0；

else

$\Delta\tau_{k1}^{(h,0)} = 0$ //设置 V_h 与 V_0 之间路径信息素增量为 0；

}

$L_{\min}^{NC} = \min(L_1, L_2, \cdots, L_q)$ //比较所有蚂蚁周游路径的总长度，记录最短路径；

第五步：判断算法循环结束条件。

if $compare(tabu_1, tabu_2, \cdots, tabu_q) == true$ //所有蚂蚁都走到同一路线；

输出路径 $tabu_1$ ；//该路径即为最短路径；

else if $NC > NC_{max}$ //达到用户定义的最大循环次数；

输出最短路径 $\min(L_{min}^1, L_{min}^2, \cdots, L_{min}^{NC_{max}})$ ；

else

清空所有 $tabu_g$ 表，转到第二步。

设某型号航空发动机关键零件经过制造服务优化选择后，各制造服务提供商所在城市如表 5－7 所示（表中我们使用 $s_0^{(0)}$ 表示协同制造链发起企业）。在该协同制造链的制造服务排序求解过程中，本书使用 12 只蚂蚁进行求解，分别取 $\alpha = 1$ 、$\beta = 1$ 、$\rho = 0.7$ 、$Q = 1$ 。基于中国城市地理距离信息，运用蚂蚁算法求得的最优路径是：沈阳 → 北京 → 西安 → 成都 → 郑州 → 上海 → 南京 → 北京 → 西安 → 成都 → 太原；由此可得协同制造链的制造服务排序为：$s_4^{(3)} \to s_1^{(1)} \to s_1^{(4)} \to s_4^{(6)} \to s_4^{(7)} \to s_6^{(8)} \to s_4^{(11)} \to s_1^{(9)} \to s_5^{(12)} \to s_7^{(14)}$ ，则该零件最终加工顺序为：粗铣结合面 → 粗铣前、后端面 → 粗车前、后槽 → 粗铣外型面 → 精铣结合面 → 精研结合面 → 精铣外型面 → 精铣前、后端面 → 精车前、后槽 → 镗前、后安装边孔。对于该零件的制造服务排序求解，共进行了 8 次求解实验，各次实验在获得最优路径时的算法循环次数和计算时间见表 5－8。

表 5－7　某零件各制造服务所在城市信息

制造服务	$s_0^{(0)}$	$s_1^{(1)}$	$s_4^{(3)}$	$s_1^{(4)}$	$s_4^{(6)}$	$s_4^{(7)}$	$s_6^{(8)}$	$s_1^{(9)}$	$s_4^{(11)}$	$s_5^{(12)}$	$s_7^{(14)}$
城市	沈阳	西安	北京	成都	郑州	上海	南京	西安	北京	成都	太原

表 5－8　某零件制造服务排序蚂蚁算法循环次数及所用时间

实验次数	1	2	3	4	5	6	7	8	平均
算法循环次数	3	13	6	32	22	3	10	13	12.75
计算时间（微秒）	90	381	174	920	635	91	209	378	359.7

本章小结

协同制造链构建过程包括两个关键步骤：一是基于制造能力约束实现协同制造任务与制造服务的匹配，发现满足任务制造能力需求的候选制造服务集合，本书第四章已经对其进行了详细研究；二是完成制造服务的优化选择及排序，确定零件的加工顺序，生成协同制造链，这是本章重点研究和解决的问题。

制造服务优化选择就是在对候选制造服务集合进行综合评价的基础上，通过一定的制造服务选择策略，为协同制造链中每一个协同制造任务确定最佳制造服务的过程。对于这一问题，本章研究了制造服务优化选择的数学模型和算法，将模糊层次分析与运筹学中的0—1整数规划理论引入制造服务优化选择问题中，提出了一个模糊层次分析法与分枝隐枚举法相结合的制造服务优化选择策略，设计了其实现算法。该方法将复杂问题的决策思维过程模型化、数量化，思路清楚、便于计算，全面地反映了问题的本质。通过实例验证，可以看出该方法可以较满意地解决制造服务优化选择问题，是一种比较切实可行的解决方案。

制造服务排序问题本质上是一个复杂的组合优化问题，对于这类问题，至今尚无多项式解法可以求出精确解，一般采用启发式算法来解决。针对该问题，本章提出了基于生物群体智能的制造服务排序策略，并基于该策略设计了一个蚂蚁算法，实现了基于蚂蚁算法的制造服务排序。蚂蚁算法吸收了昆虫王国中蚂蚁的行为特性，通过其内在的搜索机制，在制造服务排序问题求解过程中显示了良好的效果。

第六章　原型系统介绍

本书前面各章已从理论上对协同制造链构建的相关技术进行了重点研究，其中第二章注重于构建与运行过程分析及其支撑平台设计，后面几章分别对基于网络协同制造本体的协同制造任务与制造服务建模及语义化描述、基于能力约束的制造服务发现与匹配以及协同制造链生成与优化等关键技术进行了详细论述。本章则侧重于环境的实现，基于语义 Web 技术框架，以验证各关键技术为目的，开发了一个协同制造链构建支持系统（Collaborative Manufacturing Chain Configuration Support System，CMCCSS）。该系统已运用于国防基础研究项目——“敏捷化虚拟制造技术研究”中，证明了本书关于协同制造链的相关研究成果。

第一节　原型系统概述

协同制造链构建支持系统是作为国防基础研究项目——“敏捷化虚拟制造技术研究”的主要内容之一展开研究的，系统开发紧密结合生产实际，在开发过程中积极与××航空发动机公司合作，以该公司的某型号航空发动机关键零件为产品应用对象，研究其外协加工过程，并据此建立原型系统，验证各项研究成果。

“敏捷化虚拟制造技术研究”项目的核心是围绕典型型号任务，推进虚拟制造技术和敏捷制造模式的应用。该项目构建了一个第三方的网络化敏捷制造平台，作为该平台的重要组成部分，CMCCSS

系统以制造服务的形式对异地制造资源进行组织、封装、描述与发布，采用协同制造链这一模式实现大范围的网络化人员、技术以及制造资源的合理组织与优化配置，为构建网络化制造动态联盟、实施敏捷制造提供了基础。CMCCSS 系统设计与开发的思想是：在网络化敏捷制造平台的基础上，以零件的异地协同制造过程作为资源配置和集成的核心，从系统组织和实施的角度，对网络化制造进行研究，使得网络化制造系统更具柔性，能够快速响应制造任务的需求，快速重组制造组织，配置制造资源，最终满足产品制造的高效、短时和低成本要求。

从技术架构上来说，CMCCSS 系统是基于下一代互联网技术——语义 Web 架构上的应用，这一点与现有的制造信息网站、电子商务网站具有明显的区别，其设计与开发过程是一个开创性的工作。由第二章网络化敏捷制造平台的体系结构分析可知，系统由四个层次构成，分别是：客户层、应用服务层、语义层和数据存储层。与该层次结构模型相对应，本书基于目前流行的三层 Web 结构提出了系统的实现架构，如图 6－1 所示。

三层结构是传统两层客户/服务器（C/S）结构进一步发展的结果，其主要特征是将传统 C/S 结构中的服务器层进一步划分为中间层和数据层，将实现系统主要功能的相关应用程序部署在中间层，用户通过简单的网络浏览器和下载的专用 Java 客户端就可以完成协同制造链的构建工作。

系统的所有功能由应用服务层实现，该层即对应实现架构的中间层，由应用服务器和部署在应用服务器上的应用程序构成。目前，市面上已经有许多成熟的商业应用服务器产品，如 BEA WebLogic、IBM WebSphere、Sun iPlanet Application Server 等。在本系统中，我们选用了公开源码组织的 JBoss，其对 J2EE 规范进行了较完备的实现，可用于原型系统的开发，并且由于 JBoss 完全遵循 J2EE 规范，所以部署在其上的应用系统可以快速地移植到更高端的商业应用服务器产品（如 WebLogic、WebSphere 等）上，以满足更高的性能、服务和安全性的要求。

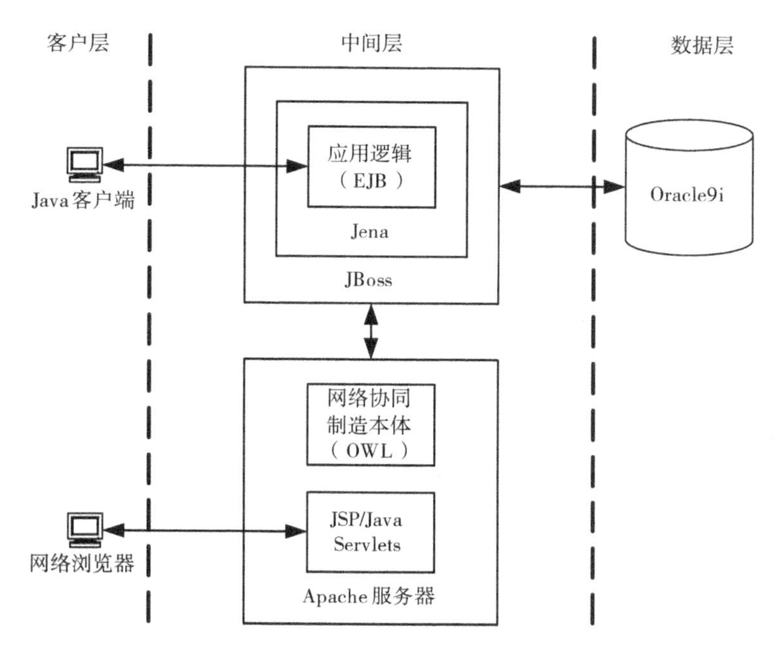

图6-1　CMCCSS系统实现架构

在CMCCSS系统中，客户使用从网络化敏捷制造平台下载的专用Java客户端可以直接与部署在应用服务器上的应用程序进行通信，而对于将网络浏览器作为客户端的用户，我们则使用Apache服务器完成HTTP请求的接收和转发，并且网络协同制造本体也部署在Apache服务器之上。

在数据层，我们使用Oracle9i作为后台数据库，进行系统运行数据的存储，位于中间层的应用程序使用JDBC实现与数据库的通信。对于系统语义Web框架的选择，我们使用了惠普实验室的开放源码项目Jena，Jena是一个基于Java的构建语义Web应用的框架，它提供了面向RDF、RDFS和OWL的编程环境，并且包含了一个基于规则的推理引擎，能够很好地实现基于本体模型的推理，为协同制造任务与制造服务语义化描述以及基于能力约束的制造服务发现和匹配提供了良好的技术解决方案。

CMCCSS系统主要包括制造服务描述与发布子系统、协同制造链构建子系统以及平台管理子系统三部分。系统功能模型如图 6－2 所示，该图从用户角度描述了系统的功能，并指出了各功能的具体操作者。由图 6－2 可知，系统的操作者包括三类，分别是系统管理员、制造服务提供商、协同制造链发起企业。

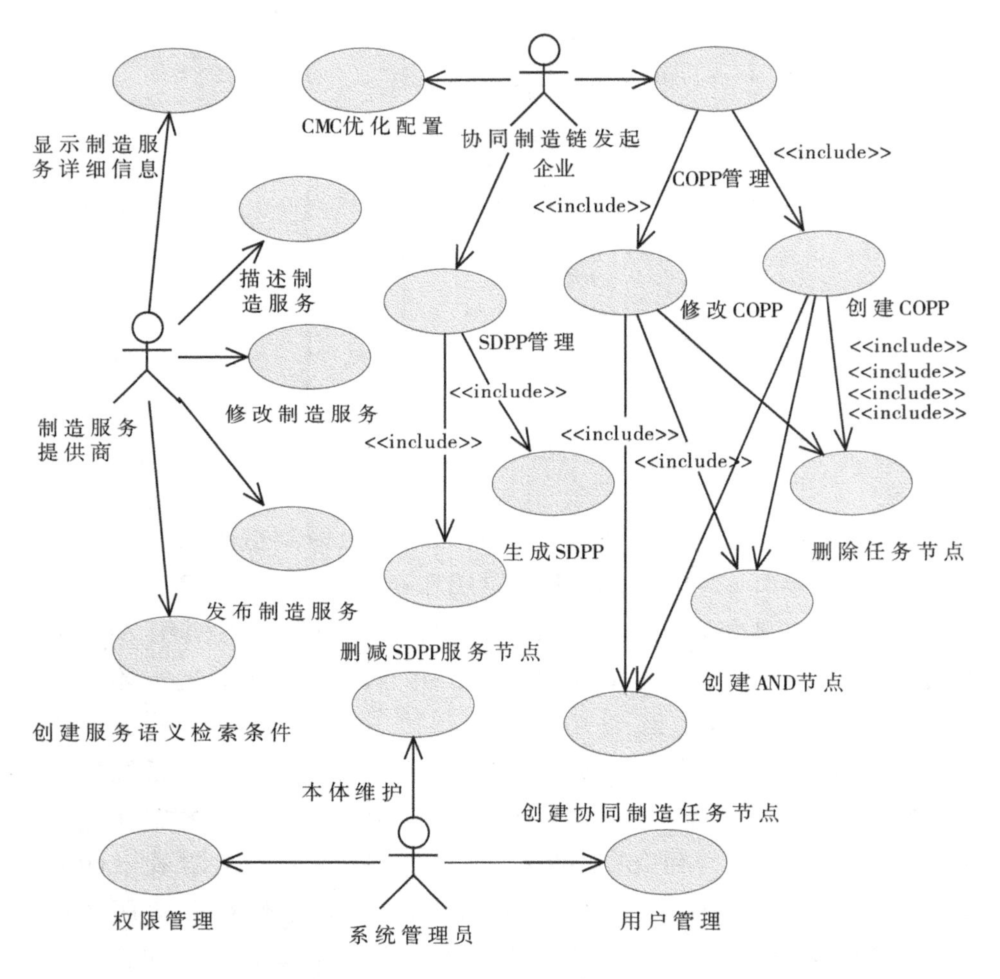

图 6－2　CMCCSS 系统用例图

第二节 系统运行实例

一、制造服务描述与发布

本节以××航空发动机公司机加厂为例，具体说明制造服务描述与发布子系统所提供的功能及所起的作用。

××航空发动机公司的产品主要由六个直属专业生产厂和一个工具厂来制造，这六个专业生产厂分别为机加厂、叶片厂、钣焊厂、锻铸厂、装配厂、转包厂。机加厂主要从事军品及民品燃气轮机所需的盘轴类零部件、机匣、齿轮、标准件、转子平衡架等零部件的加工，下设××车间、××车间、××车间、××车间、××车间、××车间、××车间七个生产单位。工厂建有表面处理、热处理两个加工中心和盘轴、机匣、齿轮、标准件四条生产线，有设备数百台（套），其中先进数控机床百余台。机加厂的生产采用按订单生产的模式，是典型的单件、小批量生产，其设备采用以工艺为对象的机群式布置，因此非常适合开展专业化的制造服务应用。

（一）用户注册与登录

用户使用网络浏览器访问网络化敏捷制造平台，系统主界面如图6－3所示。未注册的用户点击注册会员，即可进行用户的申请与注册；已经注册的用户，输入用户名和密码就可以进入网络化敏捷制造平台，享受该平台提供的各项应用服务；界面下方为供用户免费下载的客户端应用工具，协同制造链构建支持系统也需下载特定的Java客户端工具。

用户使用制造服务描述与发布子系统时，首先需要登录平台进行验证。图6－4为××航空发动机公司××车间用户登录进入制

图 6－3　网络化敏捷制造平台主界面

造服务描述与发布子系统时的界面。界面左边框架内显示的是该用户已经在制造服务注册中心发布的制造服务，选择对应的制造服务，在右边框架即可对选中的制造服务进行浏览、编辑、修改等操作。

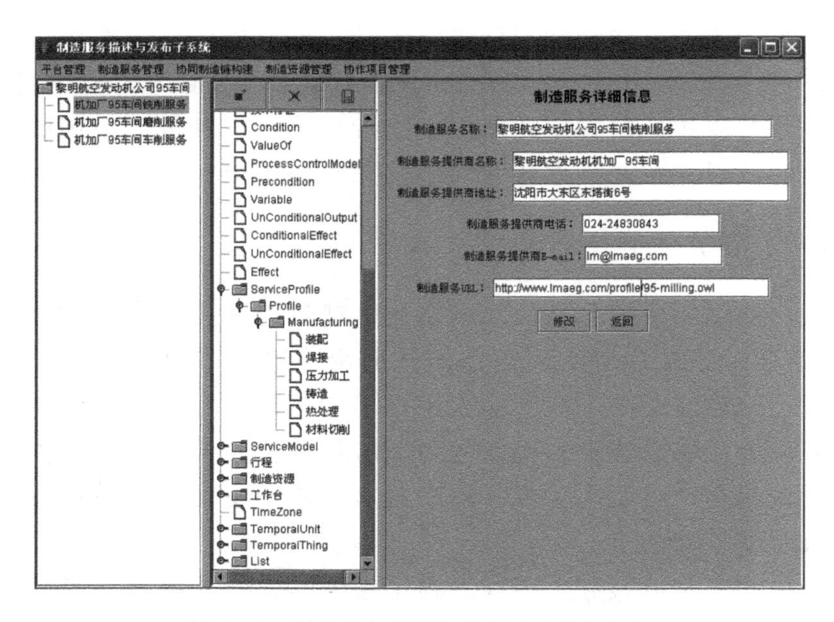

图 6－4　制造服务描述与发布子系统主界面

（二）制造服务的语义化描述

图 6－5 为制造服务语义化描述主界面。左边框架是以树的形式显示的网络协同制造本体。用户通过对网络协同制造本体树的对应节点进行实例化，即可完成制造服务的语义化描述过程。描述完成后，点击“保存”按钮，即可生成该制造服务的 OWL 描述文件。图 6－5 中正在进行机加厂××车间铣削加工服务的描述。在描述过程中，制造服务某些属性的取值可能就是网络协同制造本体相应类的实例，对于这种情况，我们可以先描述该类的实例，然后进行选取，也可以在描述时直接生成该类的实例。

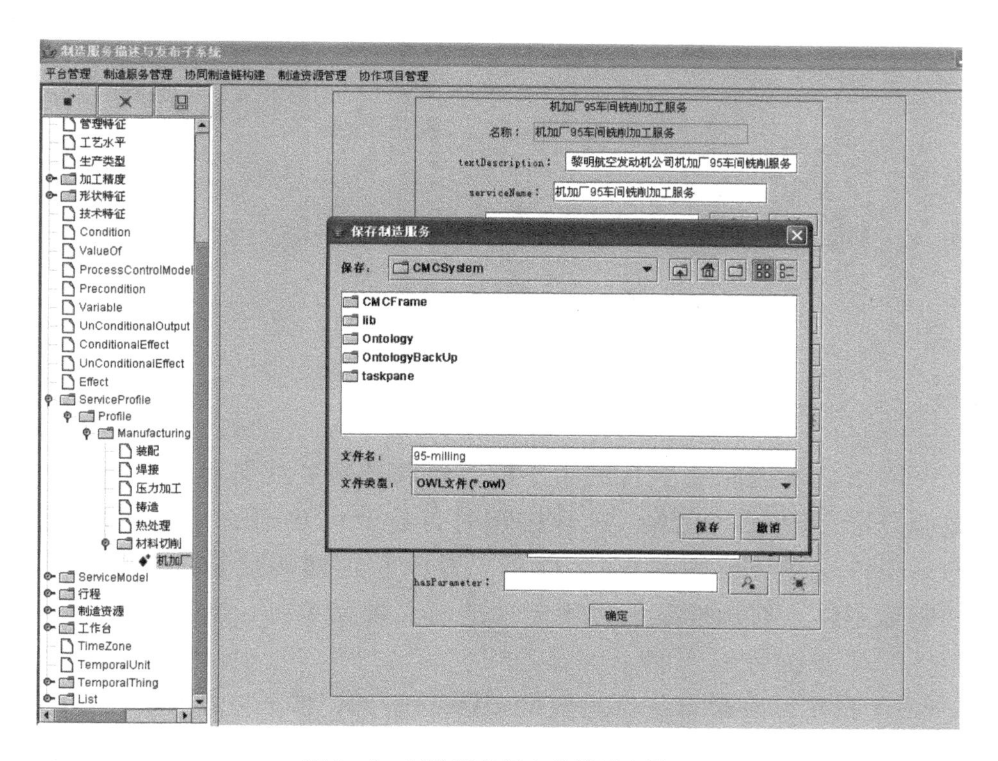

图 6－5　制造服务语义化描述主界面

（三）制造服务的发布

用户完成制造服务语义化描述工作后，即可进行制造服务的发布。制造服务发布界面如图 6－6 所示。输入制造服务的相关注册信息，点击“发布”，即可完成制造服务的发布过程。

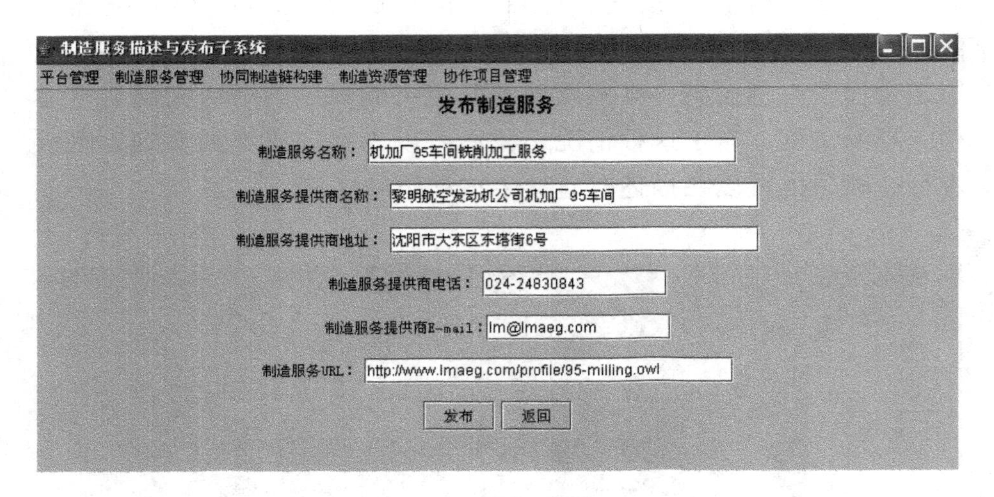

图 6－6　制造服务的发布

（四）制造服务语义化检索

网络化敏捷制造平台的用户可以对制造服务注册中心发布的制造服务进行语义化检索，进行检索时首先要创建语义化检索条件，检索条件生成界面如图 6－7 所示。界面左边框架显示的是网络协同制造本体，右边框架上方用于构造语义检索条件，对于数值类型属性的比较操作有六种：“≥”、“>”、“=”、“≤”、“<”、“≠”，下方为该检索条件对应的 RDQL 子句，图 6－7 中定义了一个前机匣结合面平面度的精度检索条件。

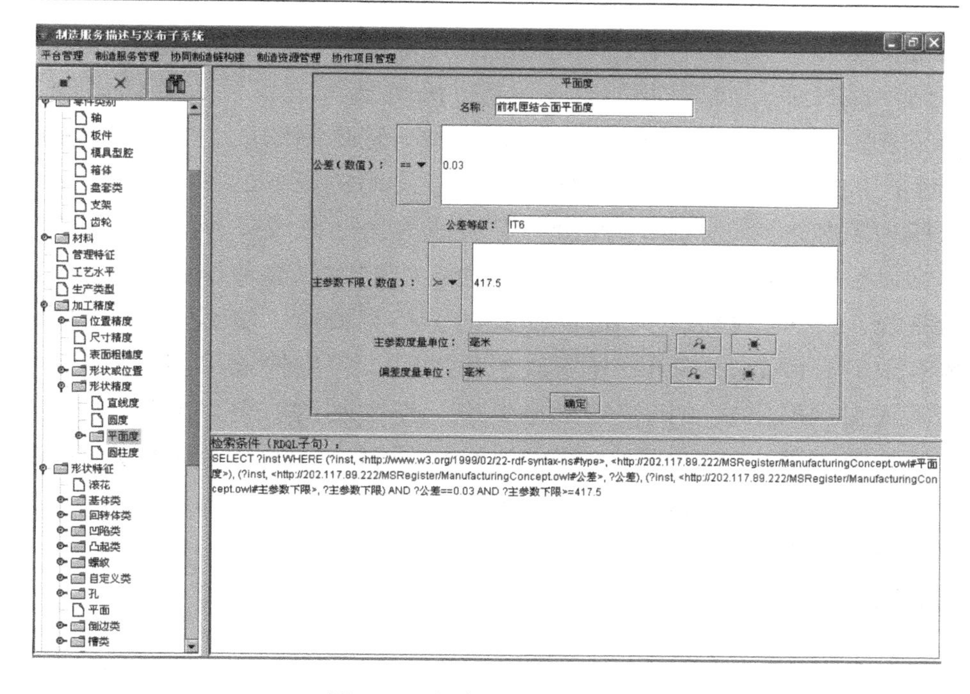

图6-7　制造服务语义化检索

二、协同制造链构建

航空发动机的制造是一个国家制造业的典型代表；它集制造业的设计、工艺、材料、加工、质量等领域的高、精、尖技术为一体。航空发动机的关键零件类型包括：机匣类、盘鼓轴类、叶片类、中钢件类等。××航空发动机公司是目前承担国家航空发动机研制与生产任务的重要企业，该公司机加厂××车间是发动机机匣专业加工车间，承担着多种型号机匣的生产任务。

航空发动机机匣类零件按结构特点和构成方式可分为：对开机匣、整体环型机匣、焊接机匣、箱体机匣。其中对开式环型机匣最具有代表性：结构、型面、型腔复杂；图纸理解困难，工艺设计和数控编程周期长；结合面定位孔精度高；尺寸大、薄壁而加工余量大；材料加工难度大（多为不锈钢、钛合金、高温合金）；需要的设备类型多，刀具结构复杂，用量大；工装尺寸精度要求高，结构复杂，品种多；加工周期长，一个新机匣从工艺设计、零件试制、到工艺定型需要×年多时间，长期以来一直是制约航空发动机研制和生产的关键零件。随着对某重点型号发动机任务的不断要求，生产压力不断加大，机匣年产量不足已成为按期完成任务的“瓶颈”。根据以往的情况来看，要达到这样的年产能力仅靠传统技术改造的设备投入和人力投入是不可能达到的，毕竟资金、场地、人力等都是有限的；因而，必须在技术改造的同时，积极探索采用网络化制造模式实现航空发动机快速批量生产。作为制约航空发动机批量生产的关键零件，选取机匣类零件进行协同制造链的研究与应用具有极其重要的现实意义，本节以××航空发动机公司机加厂××车间某型号航空发动机前机匣为例，具体说明协同制造链构建子系统所提供的功能及所起的作用。

（一）COPP 的构建

图 6－8 为构建 COPP 的主界面。用户登录进入协同制造链构建子系统后，左边框架显示的是该用户已经建立的零件 COPP。用户点击菜单栏上的“新建 COPP”按钮，在右边框架输入 COPP 的基本信息，点击“确定”即可创建一个 COPP。COPP 主要由协同制造任务节点、AND 节点组成，在界面左边框架中，以树的形式加以组织显示。

用户建立 COPP 后，即可为该 COPP 添加协同制造任务。图 6－9为协同制造任务信息的描述界面。选择一个 COPP，点击菜单栏的“新建协同制造任务”按钮，即可在右边显示任务信息输入界面，在该界面下方，有一个“语义化描述”按钮，点击它，可打开协同制造任务信息的语义化描述界面，使用网络协同制造本体对协同制造任务进行语义化描述。

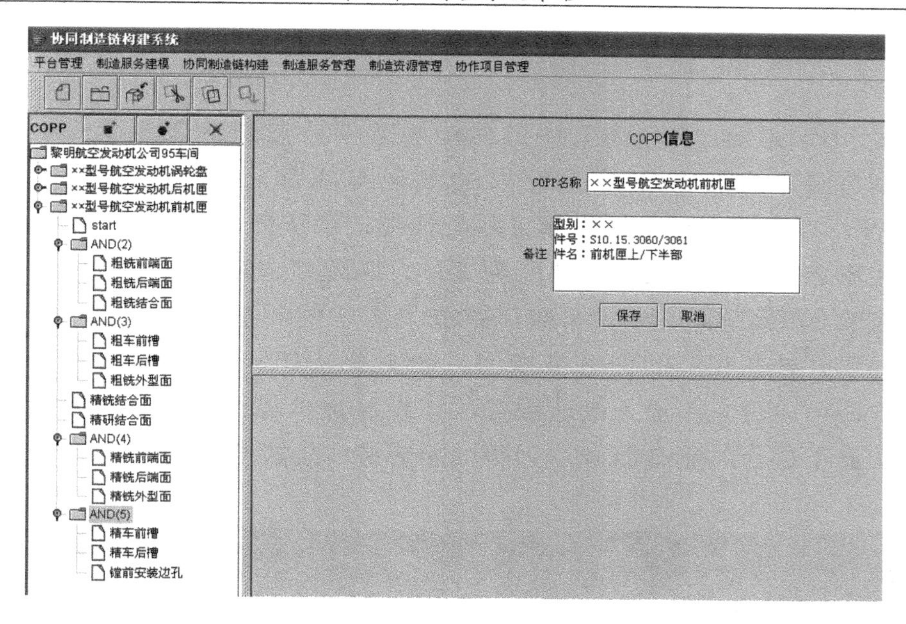

图 6－8　COPP 构建

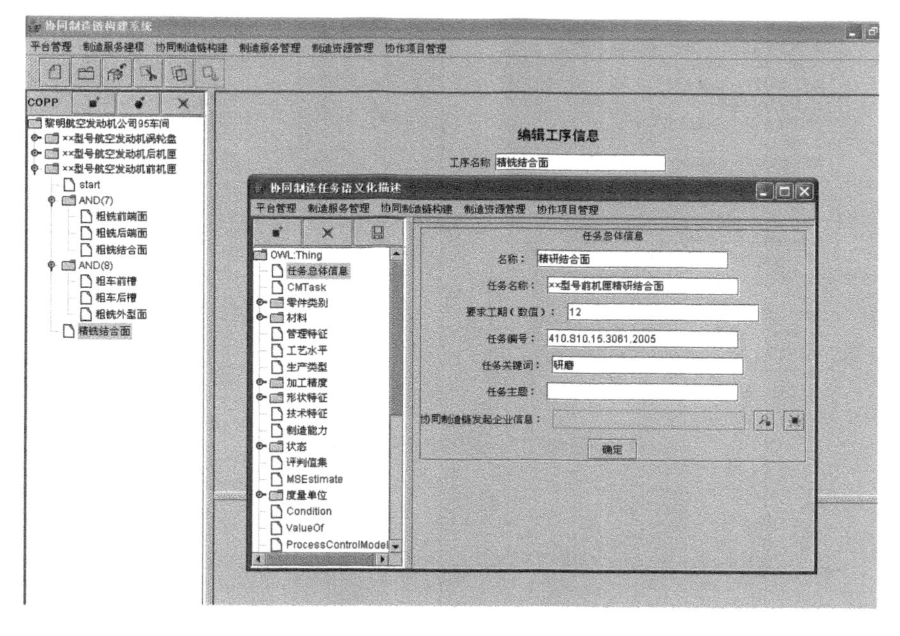

图 6－9　协同制造任务描述界面

（二）SDPP 构建

SDPP 是通过将 COPP 中的协同制造任务与制造服务注册中心的制造服务进行基于能力约束的发现与匹配后生成。选择一个 COPP，点击菜单栏的制造服务匹配按钮，系统即自动进行 COPP 的协同制造任务与制造服务的匹配工作，匹配完成后，即生成该零件对应的 SDPP。满足协同制造任务能力需求的制造服务均以叶子节点的形式挂在相应的任务节点下，如图 6－10 所示。通过该界面，用户还可以进一步输入制造服务的工期、报价等评价信息，以及删除明显不适合的制造服务，为协同制造链的生成与优化提供基础。

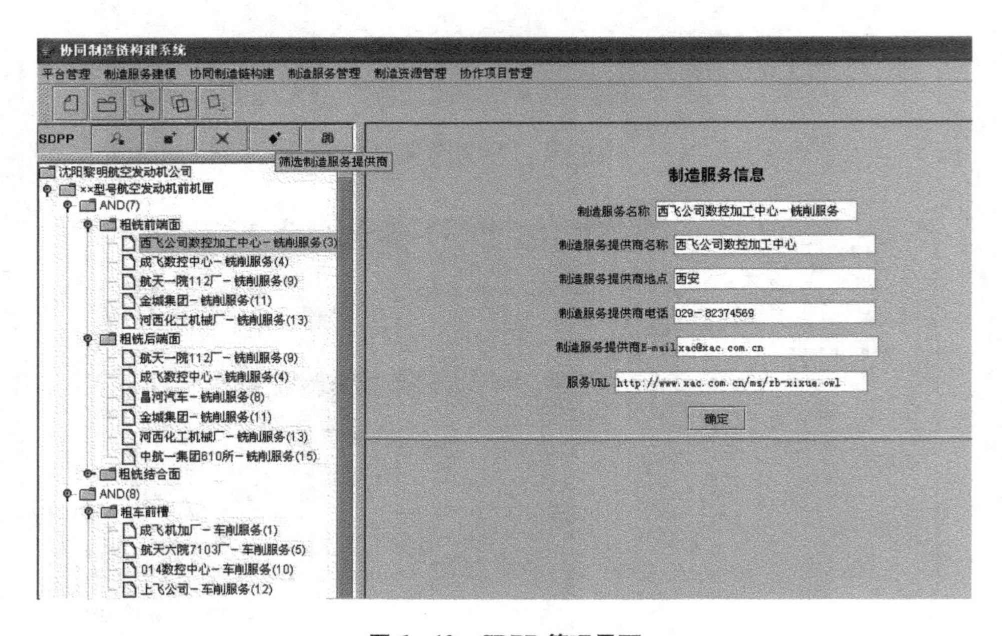

图 6－10　SDPP 管理界面

（三）协同制造链生成与优化

协同制造链的生成包括两步：第一步为每一个协同制造任务选择一个最佳制造服务；第二步为消除 SDPP 中的 AND 节点，对制造服务进行排序，确定零件的最终加工顺序。对第一步我们基于模糊层次分析法与分枝隐枚举法，实现制造服务的优化选择；对第二步，我们采用蚂蚁算法，实现制造服务排序。图 6－11 左边框架为制造服务优化选择结果，对于选中的制造服务，系统自动以星号表示；右边为经过蚂蚁算法排序后的协同制造链最终结果。

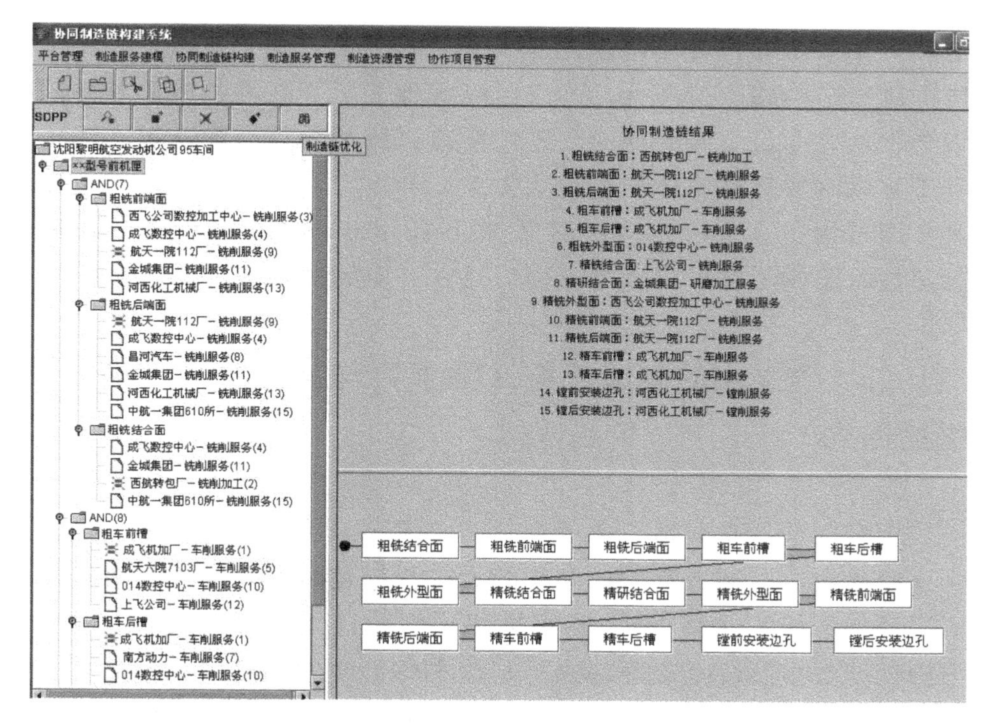

图 6－11　协同制造链的生成与优化

第三节　原型系统特点

协同制造链构建支持系统的最终目的是通过组建网络化制造动态联盟将最适宜的资源在短时间内集成到一起，做到资源的广域优化配置。与现有制造信息网站、电子商务网站相比，该系统的特色主要体现在以下几个方面：

一、快速形成基于互联网的零件整体制造解决方案

协同制造链构建支持系统的主要特征是协作支持，通过协同制造任务驱动来寻找合作伙伴，完成零件的异地协同制造过程。使用协同制造链构建支持系统，不仅可以实现基于互联网的制造资源搜索与发现，而且可以实现面向零件制造过程的快速资源配置，形成基于互联网的零件整体制造解决方案。与现有制造信息网站、电子商务网站相比，系统架构于语义 Web 技术基础之上，在总体思路上与技术架构上有着很大的不同，具有一定的独创性。

二、语义化的制造任务（需求）与制造服务（资源）描述形式

现有制造信息网站、电子商务网站大多采用表格形式或自然语言直接对企业的制造资源或制造能力进行描述与发布，使用模板形式描述制造任务（需求），系统描述能力弱且计算机无法对其进行分析处理。本系统基于网络协同制造本体，使用制造服务描述和封装企业的核心资源，实现了企业核心能力与制造任务（需求）的语义化描述，系统描述能力更强，并且生成的制造服务与制造任务模型是计算机可理解、可处理的形式化模型。

三、基于语义的制造服务（资源）发现

现有制造信息网站、电子商务网站一般采用分类搜索、关键词匹配和基于任务描述模板的搜索等信息检索和资源匹配的方法，系统返回结果包含大量的无用信息，无法实现制造任务与制造能力的

精确匹配。本系统基于语义 Web 技术，在制造服务与制造任务语义化描述的基础上，实现了制造任务与制造服务匹配过程中的语义智能推理与相似度计算，极大地提高了制造服务（资源）的发现精度。

本章小结

本章首先对原型系统进行了概述，给出了原型系统的实现架构和功能模型划分；随后结合实例，用大量图例解说了原型系统的实现以及实际应用情况；最后对原型系统的特点进行了分析，指出了原型系统的特色之所在。协同制造链构建支持系统及其运行实例充分证明了本书所提出的协同制造链这一面向零件的网络化制造实现方式的实用性和有效性。

第七章 总结与展望

第一节 总结

在全球经济一体化的今天，信息技术极大地改变了传统的制造业生产方式，特别是互联网的广泛应用，制造业将不再是一个企业独立完成产品设计、制造的孤军作战时代，而是在网络化制造模式管理下，发现合适的产品设计、制造、销售等合作伙伴，通过组建动态联盟，进行生产经营活动的合作，实现企业间的资源共享和优化配置。网络化制造技术的研究具有重大的学术意义和广泛的实用价值。本书以现有的网络化制造相关理论、技术研究为基础，通过分析零件的异地协同制造过程，提出了一种面向零件的网络化制造实现方式——协同制造链，同时选取“协同制造链快速构建”为主要研究方向，对支持协同制造链快速构建的相关理论及其关键技术进行了深入研究，并结合工程应用实际进行了初步验证。本书取得的主要研究成果如下：

（1）研究了协同制造链的定义及其构建与演化过程。

基于网络化制造动态联盟的分类，结合零件的异地协同制造过程，给出了协同制造链的定义，指出协同制造链是基于零件制造过程的网络化制造动态联盟，其围绕零件制造过程实现异地资源的集成、共享与优化配置。在此基础上，对协同制造链的构建与运行过程进行了分析，将这一过程划分为制造任务分解与描述、制造服务发现与匹配、协同制造链生成与优化、合同签订与项目执行、协同制造链解体五个阶段；同时，为了便于对这一过程进行描述，建立了面向协同制造链构建过程分析的扩展无环有向图模型，并基于该模型研究了面向协同制造的零件工艺规划、依赖于制造服务的零件工艺规划以及协同制造链的模型与形式化描述。

（2） 协同制造链构建与运行支撑平台——网络化敏捷制造平台研究。

网络化敏捷制造平台是协同制造链构建与运行的基础支撑平台。本书对此进行了研究，给出了平台的定义与功能划分，建立了平台的体系结构，论述了平台的工作流程，并基于语义 Web 技术实现了网络化敏捷制造平台的重要组成部分——协同制造链构建支持系统。

（3） 基于本体论的协同制造任务与制造服务建模及语义描述。

分析了协同制造链构建过程中的建模问题，提出了基于本体论进行协同制造任务与制造服务建模的思想。基于该思想，通过扩展 OWL－S 本体，构建了一个面向零件网络化制造的 Web 本体模型——网络协同制造本体。同时，在对制造特征与协同制造单元进行研究的基础上，建立了对应的协同制造任务与制造服务描述模型，并通过实例研究了基于网络协同制造本体的协同制造任务与制造服务的语义描述。

（4） 提出并实现了一个基于能力约束的制造服务匹配算法。

制造服务发现与匹配策略对协同制造链的构建有较大的影响。针对该问题，建立了制造服务发现问题的数学模型，阐述了制造服务发现的基本要求。在总结 Web 服务发现技术研究现状与存在问题的基础上，参考已有研究成果，设计了一个制造服务匹配引擎。研究了制造服务匹配度定义以及协同制造任务与制造服务的语义相似度计算方法，在此基础上设计了一种基于制造能力约束的制造服务匹配算法，实现了快速、高效、精确的制造服务发现。

（5） 实现了一个模糊层次分析法与分枝隐枚举法相结合的制造服务优化选择策略。

制造服务优化选择是协同制造链构建过程中的一个关键问题，其建立在对候选制造服务集合进行综合评价的基础上。对于这一问题，建立了制造服务优化选择问题的数学模型，构造了一个制造服务综合评价指标体系，并且将模糊层次分析与运筹学中的0—1整数规划理论引入到制造服务优化选择问题中，实现了一个模糊层次分析法与分枝隐枚举法相结合的制造服务优化选择策略及其算法。

（6）提出并实现了基于生物群体智能的制造服务排序策略。

制造服务排序是按照一定策略与算法，正确、合理地安排协同制造链中各制造服务之间的顺序，从而确定零件最终加工顺序，生成协同制造链的过程。该问题本质上是一个复杂的组合优化问题，针对该问题，提出了基于生物群体智能的制造服务排序策略，并据此设计了一个蚂蚁算法，实现了基于蚂蚁算法的制造服务排序。

第二节 主要创新点

本书的主要创新点体现在以下几个方面：

（1）结合企业间零件转包加工需求，提出了面向零件的网络化制造实现方式——协同制造链。对协同制造链的构建过程进行了详细研究，建立了面向协同制造的零件工艺规划、依赖于制造服务的零件工艺规划以及协同制造链的模型与形式化描述，为实现围绕零件制造过程的异地资源共享与优化配置奠定了理论基础。

（2）建立了基于制造特征的协同制造任务模型与基于协同制造单元的制造服务模型，通过协同制造任务驱动的制造服务组合实现了网络制造环境下的资源优化配置。

（3）针对网络化制造中资源能力的语义表达问题以及任务描述深度不够的问题，将语义Web技术应用于网络化制造领域的研究中，通过扩展OWL－S本体，建立了一个面向零件网络化制造的Web本体模型——网络协同制造本体，并基于网络协同制造本体实现了制造服务与制造任务的语义化描述与发布，系统描述能力更强、更灵活。

（4）针对网络化制造中任务——企业匹配问题，设计并实现了一个基于能力约束的制造服务匹配算法，该算法引入了“制造服务匹配度”的概念，能够在匹配过程中实现基于 OWL 推理模型的语义相似度计算，极大地提高了制造服务发现的准确度与效率。

（5）针对协同制造链生成过程中制造服务排序这一复杂组合优化问题，提出了基于生物群体智能的排序策略并依据该策略实现了一个蚂蚁算法，蚂蚁算法吸收了昆虫王国中蚂蚁的行为特性，通过其内在的搜索机制，在求解制造服务排序这一困难的组合优化问题过程中显示了良好的效果。

第三节　研究展望

网络化制造技术是一个充分融合制造技术与信息技术的前沿研究方向，因此充分发挥信息技术的优势是其不断发展和取得突破的方向所在。本书在研究过程中注意将当前信息技术领域（语义 Web 技术、Web 服务、网格计算等）的新思想、新成果与网络化制造技术的研究进行紧密结合，针对零件异地协同制造过程，提出了协同制造链的概念，目的是希望寻找一种面向零件合作制造的网络化制造实现方式，为实现网络化制造技术的大规模工业化应用做一些有益的探索。限于时间和篇幅，本书的研究工作仅仅在协同制造链快速构建方面做出了一些努力，协同制造链这一模式距离大范围推广应用还有一段距离，还有许多更深入、更细致的问题等待我们去进一步研究。概括起来，这些问题主要包括：

（1）协同制造链是借助有效的网络设施和信息技术，根据零件的异地协同制造需求，组建的基于协作项目的网络化制造动态联盟组织。该模式要进入实用阶段，还需进一步对基于网络的协作项目管理、计划、调度、监控等技术进行深入的研究，从而为协同制造链的具体运作提供支撑。

（2）本书所提出的制造服务更多的是从描述企业制造能力的角度出发，作为一种制造资源的聚合形式而出现。这与网格服务、Web 服务中面向服务的思想尚存在较大的距离，用户目前还无法像在互联网上调用 Web 服务一样方便地使用各种制造服务。因此，还需要进一步对制造服务的数据接口、知识接口进行研究，使其能够封装企业现有制造信息系统（如 ERP、MES、CAPP、CAD/CAM 等），从而为实现面向服务的企业间全面集成奠定基础。

（3）本书所提出的协同制造链仅仅面向零件的加工制造环节，笔者认为其应进一步拓展到部件、整机等不同粒度的产品层次上，而在实现环节上则应进一步拓展到设计、装配、检测等环节。因此应进一步研究不同协同制造任务以及相关制造服务的特点和描述模型，并且需要对网络协同制造本体进行进一步的扩展，使其满足不同任务与服务描述的需要。

（4）在协同制造链中，协同制造任务与制造服务均基于网络协同制造本体进行建模描述，在创建和维护大型本体系统中，当概念、属性、关系和公理数量急剧增多时，如何维持本体的一致性，从而使基于本体的智能推理保证有效性，将是一个非常重要并亟需解决的问题。另外，不同的制造服务注册中心可能会采用不同的本体对协同制造任务与制造服务进行描述，因而如何实现不同本体之间的集成，进而实现不同制造服务注册中心的协同制造任务信息、制造服务信息的集成与共享也是需要深入研究的问题。

参考文献

[1] 于海斌，朱云龙．协同制造．北京：清华大学出版社，2004.

[2] 屠建发．现代敏捷制造技术的发展现状与工业应用．模具技术，2004（1）：50－53.

[3] 杨启亮，张宇．敏捷制造及其环境下的系统集成．机械，2004（31）（增刊）：23－27.

[4] 罗忠辉．敏捷制造概论．现代机械，2003（1）：5－6.

[5] 颜彩萍，曾学文．探讨我国中小企业的敏捷制造之路．江苏商论，2004（2）：79－80.

[6] 欧阳建辉，王坚，樊留群，等．虚拟制造技术中的创成式机加工工艺系统研究．组合机床与自动化加工技术，2005（1）：81－82.

[7] 程涛，管在林，等．分布式虚拟制造资源中心．中国制造业信息化，2004，33（4）：87－90.

[8] 程涛，管在林，吴波，等．网络经济下的一种新型生产组织模式——虚拟制造组织．机械制造，2004，42（478）：7－10.

[9] 王自强，冯博琴．智能制造系统的多Agent模型研究．中国机械工程，2004，14（16）：1390－1393.

[10] 张兰英．机械智能制造中产品模型的研究．机械设计与制造，2004（5）：30－31.

[11] 韩权利，赵万华，丁玉成．未来制造业模式——智能制造．机械工程师，2002（1）：26－28.

[12] 戴建华，蔡铭，林兰芬，等．面向网络化制造的ASP服

务平台若干关键技术研究．计算机集成制造系统－CIMS，2005，11（1）：48－52.

［13］黎晓东，王金友，郝淑芬．网络化制造标准体系研究．中国机械工程，2004，15（19）：1750－1755.

［14］王萃寒，冯径．网络化制造的技术体系研究．中国制造业信息化，2004，33（5）：80－83.

［15］张翠轩．探索网络化制造技术．CAD/CAM与制造业信息化，2004（6）：13－14.

［16］杨正琦，刘治红．分散网络制造浅谈．兵工自动化，2002，21（2）：5－7.

［17］顾寄南．网络化制造技术．北京：化学工业出版社，2004.

［18］Nagel R. N. 21st Century Manufacturing Enterprise Strategy. Bethehem：Iacocco Institute，Lehigh University.

［19］Park H，Tenenbaum J，Doves R. Agile Infrastructure for Manufacturing Systems（AIMS）．In：Proceedings of Defense Manufacturing Conference，1993.

［20］A. Tuma. Configuration and Coordination of Virtual Production Networks. International Journal of Production Economics，1999（56－57）：641－648.

［21］M. T. Martinez，P. Fouletier，K. H. Park，et al. Virtual Enterprise－Organization，Evolution and Control. International Journal of Production Economics，2001，74（1－3）：225－238.

［22］PTC－Windchill Collaboration FACTOR Datasheet. 2000，http：//www. ptc. com/products /windchill/collaboration/ds_ factor. htm.

［23］An IBM Global Service White paper on Enterprise Information Portal Strategy. 2000，http：//www－4. com/software/data.

［24］乔尔·厄恩斯特．协作型竞争．北京：中国大百科全书出版社，2002.

［25］范凯波，陈国权．动态联盟形成中企业的合作动机．中

外科技信息，1999（5）：48－52.

［26］胡开顺，姚小群，叶邦彦，等．动态联盟供应链的结构模型及其规划设计．中国制造业信息化，2003，32（1）：73－75.

［27］Jason T. Roff. UML 基础教程．北京：清华大学出版社，2003.

［28］耿素云．集合论与图论．北京：北京大学出版社，1998.

［29］王秀伦．现代工艺管理技术．北京：中国铁道出版社，2004.

［30］郑德涛，高健，张平，等．制造特征的分类与表达技术研究．中国机械工程，1996，7（4）：34－36.

［31］宋豫川，苗剑，刘飞．网络化制造平台的多模式运行体系结构及集成技术．重庆大学学报，2004，27（5）：151－154.

［32］范玉顺，王刚，高展．企业建模理论与方法学导论．北京：清华大学出版社，2001.

［33］许卓明，王霞，张艳丽．本体技术及其在 B2B 电子商务信息集成中的应用．计算机应用研究，2003（2）：44－47.

［34］张大志，刘磊．一种本体的形式描述方法及其应用．吉林大学学报，2004，22（1）：74－78.

［35］杨秋芬，陈跃新．Ontology 方法学综述．计算机应用研究，2002（4）：5－7.

［36］陆汝钤．世纪之交的知识工程与知识科学．北京：清华大学出版社，2001.

［37］肖现寿，李德顺．本体论．中国大百科全书，哲学卷 I，1987.

［38］Neches R，Fikes R，Finin T，et al. Enabling Technology for Knowledge Sharing. AI Magazine，1991，12（3）：36－56.

［39］Studer R，Benjamins VR，Fensel D. Knowledge Engineering，Principles and Methods. Data and Knowledge Engineering，1998，25（1－2）：161－197.

［40］Uschold M，King M，Moralee S，et al. The Enterprise Ontology. The Knowledge Engineering Review, 1998, 13 (1): 31 –38.

[41] Humphreys BL, Lindberg DAB. The UMLS Project: Making the Conceptual Connection between Users and the Information They Need. Bulletin of the Medical Library Association, 1993, 81 (2): 17 –23.

[42] Chandrasekaran B, Josephson JR, Richard BV. Ontology of Tasks and Methods. The 1997 AAAI Spring Symposium, 1997.

[43] Uschold M, King M. Towards a Methodology for Building Ontology. In Workshop on Basic Ontological Issues in Knowledge Sharing: International Joint Conference on Artificial Intelligence, 1995: 373 –380.

[44] Uschold M. Building Ontologies: Towards a Unified Methodology. AIAI Technical Reports, Univ. of Edinburgh, United Kingdom, 1997: 31 –33.

[45] Sowa J. Top-level Ontological Categories. International Journey of Human – Computer Studies, 1995, 43 (5/6): 669 –686.

[46] Gruninger M, Forx MS. Methodology for the Design and Evaluation of Ontologies. In Workshop on Basic Ontological Issues in Knowledge Sharing: International Joint Conference on Artificial Intelligence, 1995: 53 –58.

[47] Uschold M, Gruninger M. Ontologies: Principles, Methods and Applications. The Knowledge Engineering Review, 1996, 11 (2): 46 –54.

[48] Gomez – Perez A. Knowledge Sharing and Reuse. The Handbook of Applied Expert System, CRC.

[49] Fernandez M, Gomez – Perez A. Ontology of Task and Methods. IEEE Intelligent System and their Applications, 1999, 14 (1): 37 –46.

[50] Schreiber G, Wielinga B, Jansweijer W. The Kactus View on the "o" Word. In Workshop on Basic Ontological Issues in Knowl-

edge Sharing: International Joint Conference on Artificial Intelligence, 1995.

[51] Natalya F Noy, Deborah L. McGuinness Ontology Development: A Guide to Creating Your First Ontology. http: //www. ksl. stanford. edu/people/dhm/papers /ontology - tutorial - noy - mcguinness. pdf.

[52] Gruber T. Towards Principles for the Design of Ontologies Used for Knowledge Sharing. International Journal of Human - Computer Studies, 1995, 43 (5/6): 907 -928.

[53] Wiegers K E. First Things First: Prioritizing Requirements. http: //www. processimpact. com.

[54] M R Genesereth , R E Fikes. Knowledge Interchange Format Version 3. 0 Reference Manual. Stanford University, Tech Rep: Logic -92 -1, 1992.

[55] T R Gruber. ONTOL INGUA: A Mechanism to Support Portable Ontologies. Stanford University, Tech Rep: KSL -91 -66, 1992.

[56] V K Chaudhri, A Farquhar, R Fikes, et al. OKBC: A Programmatic Foundation for Knowledge Base Interoperability. In: Proc of the 15th National Conf on Artificial Intelligence (AAAI98) . Madison , Wisconsin: AAAI Press/ MIT Press , 1998.

[57] E Motta. An Overview of the OCML Modeling Language. The 8th Workshop on Knowledge Engineering : Methods & Languages (KEML98), Karlsruhe, Germany, 1998.

[58] L Farinas, A Herzig. Interference Logic = Conditional Logic + Frame Axiom. International Journal of Intelligent Systems, 1994, 9 (1): 119 -130.

[59] R MacGregor, R Bates. The Loom Knowledge Representation Language. USC Information Sciences Institute, Tech Rep: ISI/ RS -87 - 188 , 1987.

[60] J Heflin, J Hendler. Searching the Web with SHOE. In: Arti-

ficial Intelligence for Web Search. Menlo Park, CA : AAAI Press, 2000.

[61] E K Robert. Conceptual Knowledge Markup Language: The Central Core. The 12th Workshop on Knowledge Acquisition, Modeling and Management (KAW99), Banff, Canada, 1999.

[62] P D Karp, V K Chaudhri, J Thomere. XOL: An XML – based Ontology Exchange Language. AI Center, SRI International, Tech Rep: 559, 1999.

[63] Dave Beckett, Brian McBride. RDF/ XML Syntax Specification (Revised). World Wide Web Consortium. http: //www. w3. org/ tr/ rdf – syntax – grammar/2004 – 02 – 10.

[64] D Brickley, R V Guha. RDF Vocabulary Description Language1. 0: RDF Schema. World Wide Web Consortium. http: / / www. w3. org/tr/ rdf – schema/2004 – 02 – 10.

[65] F Baader, D Calvanese, D McGuinness, et al. The Description Logic Handbook: Theory, Implementation and Applications. Cambridge: Cambridge University Press, 2003.

[66] D Fensel, et al. OIL in a Nutshell. The 12th Int' Conf on Knowledge Engineering and Knowledge Management, Juan – les – Pins, France, 2000.

[67] I Horrocks, P F Patel – Schneider, F Harmelen. Reviewing the Design of DAML + OIL: An Ontology Language for the Semantic Web. In: Proc of the 18th National Conf on Artificial Intelligence, AAAI-2002. Edmonton, Alberta, Canada: AAAI Press, 2002.

[68] F Harmelen, J Hendler, I Horrocks, et al. OWL Web Ontology Language Reference. World Wide Web Consortium. http: // www. w3. org/tr/owl – ref/2004 – 02 – 10.

[69] The OWL Services Coalition. "OWL – S: Semantic Markup for Web Services". http: //www. daml. org/services/ owl – s/1. 0/ owl – s. html.

[70] 李倍智，马登哲. 基于基本特征动态组合操作的零件信息描述新方法. 中国纺织大学学报，1994 (2): 45 – 49.

[71] 邓修瑾，王艳玮. 基于分类特征的零件信息描述及工序图的自动绘制方法. 航空学报，1996，17（5）：630－634.

[72] Liao T W, Lee K S. Integration of a Feature – based CAD System and an ARTI Neural Model for GT Coding and Part Family Forming. Computers Industry Engnieering, 1994, 26 (1): 93 – 104.

[73] Vandenbrande J H, Requicha A G. Geometric Computation for the Recognition of Spatially Interacting Machining Features Advances in Feature Based Manufacturing. Elsevier Science B. V., 1994.

[74] Song L G. Design and Implementation of a Virtual Information System for Agile Manufacturing. IIE Transaction, 1997 (29): 839 – 857.

[75] 胡春明，怀进鹏，孙海龙. 基于 Web 服务的网格体系结构及其支撑环境研究. 软件学报，2004，15（7）：1064－1073.

[76] Foster I, Kesselman C, Nick J, et al. The Physiology of the Grid: An Open Grid Services Architecture for Distributed Systems Integration. 2002. http://www.globus.org/research/papers/ogsa.pdf.

[77] 熊焕宇，李德毅. 全球信息网格发展和体系结构分析. 大连理工大学学报，2003（43）（增1）：84－86.

[78] 张君. 网格：Internet 信息技术的第三次浪潮. 中国信息导报，2004（1）：54－57.

[79] Foster I, Berry D, Djaout A, et al. The Open Grid Services Architecture Version 1.0. pdf, 2004. http://forge.gridfo – rum.org/projects/ogsa – wg.

[80] Owen R F. Object – oriented Design for Manufacture. Journal of Intelligent Manufacture, 1994 (5): 1 – 11.

[81] 张玉云，吴瑞荣，田文生，等. 制造系统资源建模与适应性工艺过程设计. 计算机集成制造系统，1997，3（5）：34－39.

[82] 蔡希尧，陈平. 面向对象的技术. 西安：西安电子科技大学出版社，1993.

[83] Abhijit Patil, Swapna Oundhakar, Ruoyan Zhang. A Semantic Approach to Web Service Discovery. Department of Computer Sci-

ence, University of Georgia, Athens, Georgia.

[84] Jorge Cardoso, Amit Sheth. Semantic e – Workflow Composition. Technical Report. LSDIS Lab, Computer Science, University of Georgia, July 2002. http: /Ichief. cs. uga. edu/ jam/webwork/geneflow/papers/CS02 _ 20Composition_ 20 – 20TR. pdf.

[85] Ludwig S. A. Review of Service Discovery Systems. Technical Report, Department of Electrical and Computer Engineering, Brunel University, UK, 2002.

[86] David Trastour, Claudio Bartolini, Javier Gonzalez – Castillo. A Semantic Web Approach to Service Description for Matchmaking of Services, Proceedings of the First Semantic Web Working Symposium (SWWS' 01), August, California, USA, 2001.

[87] Massimo Paolucci, Takahiro Kawamura, Terry R. Payne, et al. Semantic Matching of Web Services Capabilities, The First Semantic International Semantic Web Conference (ISWC2002), Sardinia, Italia, 2002.

[88] Javier Gonzalez – Castillo, David Trastour, Claudio Bartolini. Description Logics for Matchmaking of Services, HP Labs Technical Reports, HPL – 2001 – 265, 2001.

[89] R. Scott Cost, Tim Finin, Anupam Joshi, et al. ITTALKS: A Case Study in the Semantic Web and DAML, Proceedings of the First Semantic Web Working Symposium (SWWS' 01), August, California, USA, 2001.

[90] Dipanjan Chakraborty, Filip Perich, Sasikanth Avancha, et al. Dreggie: Semantic Service Discovery for M – Commerce Applications. In: Work shop on Reliable and Secure Applications in Mobile Environment, 20th Symposium on Reliable Distributed Syslems, 2001 – 10: 28 – 31.

[91] Terry R Payne, Massimo Paolucci, Katia Sycara. Advertising and Matching DAML – S Service Descriptions. In: Semantic Web Work-

ing Symposium (SWWS), 2001.

[92] Floyd S, Jacobson V. Random Early Detection Gateways for Congestion Avoidance. IEEE/ ACM Transactions on Net2 Working, 1993, 1 (4): 397 -413.

[93] 杜端甫编. 运筹图论. 北京: 北京航空航天大学出版社, 1990.

[94] Tverskv A. Features of Similarity. Psychological Review, 1977, 84 (4): 327 -352.

[95] Chase 等. 生产与运作管理——制造与服务. 北京: 机械工业出版社, 1999.

[96] 陈禹六. 实施 CIM 的评价准则. 计算机集成制造系统, 1997, 3 (3): 15 -19.

[97] T. L. Satty. The Analytic Hierarchy Process. New York: McGraw - Hill, 1980.

[98] T. L. Satty. Axiomatic Foundation of the Analytic Hierarchy Process. Management Science, 1986, 32 (7): 841 -855.

[99] 杨仑标, 等. 模糊数学原理及应用. 广州: 华南理工大学出版社, 2000.

[100] 李洪兴, 汪群, 段钦治, 等. 工程模糊数学方法及其应用. 天津: 天津科学技术出版社, 1993.

[101] 邓成梁. 运筹学的原理和方法. 武汉: 华中科技大学出版社, 2001.

[102] 王云莉, 段广洪, 刘丹, 等. CAPP 开发工具中用户框架系统的关键技术研究. 计算机集成制造系统, 2000 (2): 25 -30.

[103] Colorni A, M. Dorigo, V. Maniezzo. Distributed Optimization by Ant Colonies. Proc. First Europ. Conf. On Artificial Life. Paris, France: F. Varlea and P. Bourgine (eds), Elsevier Publishing: 1991, 134 -142.

[104] Colorni A, M. Dorigo, V. Maniezzo. Ant System for Job - shop Scheduling. Belg. J. Oper. Res, Stat. and Comput. Science,

1993, 34 (1): 39 -53.

[105] Dorigo M, Maniezzo V, Colorni A. The Ant System: Optimization by a Colony of Cooperating Agents. IEEE Trans. on Systems, Man, and Cybernetics - Part B, 1996, 26 (1): 29 -41.

[106] Dorigo M, Gambarddella L. M. Ant Colony System: A Cooperative Learning Approach to the Traveling Salesman Problem. IEEE Trans. Evol. Comp. , 1997, 1 (1): 53 -56.

[107] Schoonderwoerd R, Holland O, Bruten J. Ant - based Load Balancing in Telecommunications Networks. Adaptive Behavior, 1997, 5 (2): 169 -207.

[108] Gianni Di Caro, Dorigo M. Ant - net: Distributed Stigmergetic Control for Communications Networks. Journal of Artificial Intelligence Research, 1998, 9: 317 -365.

[109] Deneubourg J. L, Goss S. Collective Patterns and Decision Making. in Ethology. Ecology and Evolution, 1989, 1: 295 -311.

[110] Beckers R, Deneubourg J. L, Goss S, et al. Collective Decision Making through Food Recruitment. Ins. Soc, 1990, 37: 258 -267.

[111] Changxue Feng, Andrew K. Constraint-based Design of Parts. CAD. 1995, 27 (5): 313 -352.

[112] 顾新建，祈国宁，陈子辰．网络化制造的战略和方法——制造业在网络经济中的生存和发展．北京：高等教育出版社，2001.

[113] 李杰．全球化制造策略——设计、制造、服务三部曲．机械与电子，1999 (1): 9 -10.

[114] 张曙．虚拟企业——分散网络化制造．中国机械工程，1998, 9 (11): 73 -74.

[115] Kjiellberg T, Bohlin M. Design of a Manufacturing Resource Information System. Annals of the CIRP, 1996, 45 (1): 149 -152.

[116] Gao J, Huang. Product and Manufacturing Capability Modeling in Integrated CAD/Process Planning Environment. Int. J. Ad-

vanced Manufacturing Technology, 1996 (11): 43 -51.

[117] Case K. Using a Design by Features CAD System for Process Capability Modeling. Computer Integrated Manufacturing System. 1994, 7 (1): 39 -49.

[118] 张大勇，徐晓飞，王刚．UML - XML 集成的媒介虚拟企业资源建模方法．中国机械工程，2003，14 (5): 395 -399.

[119] 盛步云．企业集成化动态制造资源建模．武汉汽车工业大学学报，2004 (4): 19 -21.

[120] 李双跃，殷国富，戈鹏，等．工艺制造资源建模及其在协同工艺设计中的应用．计算机集成制造系统 - CIMS，2002，8 (8): 651 -654.

[121] http://www.cheshirehenbury.com/agility/agilitypapers/paper1095.html.

[122] N. N. TEAM Executive Summary. http://www.eng.ornl.gov/team/executive.html.

[123] J Jordan, F Michel. Next Generation Manufacturing (NGM). CASA/SME Blue Book Series, 1999.

[124] N. N. Next - generation Manufacturing: A Framework for Action. Agile Forum and MIT, 1997, 30.

[125] CAM - 1: NGMS (Next Generation Manufacturing Systems). http://www.cam - i.org /ngms.html.

[126] http://camnet.ge.com/camnet.

[127] CyberCut: http://cybercut.Berkeley.edu/html/research.htm.

[128] CyberCut: A Networked Manufacturing Service U of Cal Berkeley. Final National Science Foundation Report, 2001.

[129] The Fifth Framework Program (FP5), http://www.cordis.lu/fp5/src/over.htm.

[130] The Sixth Framework Program (FP6), http://europa.eu.int/comm/research/fp6/pdf/fp6 - in - brief - en.pdf.

[131] 姚倡锋，张定华，彭文利，等．基于物理制造单元的网

络化制造资源建模研究．中国机械工程，2004，15（5）：414－417.

［132］管在林，李峥峰，等．虚拟制造组织分布式资源服务定位问题研究．中国机械工程，2003，14（7）：572－575.

［133］W B Lee，H C W Lau. Multi－Agent Modeling of Dispersed Manufacturing Networks. Expert Systems with Applications，1999，16（3）：297－306.

［134］张曙．分散网络化制造．北京：机械工业出版社，1999.

［135］王家海，卢洪波，张曙．分散网络化制造模式下协调调度的遗传算法．同济大学学报，2001，29（8）：936－939.

［136］范玉顺．网络化制造的内涵与关键技术问题．网络化制造与大规模定制学术会议论文集（1－8），2003.

［137］范玉顺．全面集成的数字化企业与整体解决方案．计算机集成制造系统—CIMS，2002，8（12）：925－930.

［138］Gupta P，Rakesh N. Flexible Optimization Framework for Partner Selection in Agile Manufacturing. Proceedings of the 4th Industrial Engineering Research Conference，Nashville，Tennesse，1995，691－700.

［139］程涛．面向分布式网络化制造的理论方法与技术中若干关键问题研究．华中科技大学博士学位论文，2001.

［140］杨叔子，吴波，胡春华，等．分布式网络化制造系统中的工作流管理．制造业自动化，2001，23（4）：5－9.

［141］胡春华，朱庆华，张智勇，等．基于 COBRA 的分布式网络化制造系统建模．机械与电子，2001（2）：3－6.

［142］何汉武，熊有伦，陈新，等．基于 Internet 的快速产品协同制造——DNPS 网络及其实现技术．机械科学与技术，2001，20（6）：936－939.

［143］刘飞，刘军，雷琦．网络化制造的内涵及研究发展趋势．2002 年中国机械工程学会年会学术论文集．北京：机械工业出版社，2002.

[144] 李健，刘飞．基于网络的先进制造技术．中国机械工程，2001，12（2）：154－158.

[145] 苗剑，刘飞，宋豫川．网络化制造平台的系统构成及功能应用．中国制造业信息化，2003，32（1）：52－65.

[146] 但斌，刘飞，张民，等．计算机集成制造技术在陶瓷业的应用．计算机集成制造系统—CIMS，2001，7（2）：68－72.

[147] 刘飞，但斌，尹超，等．陶瓷产品网络化制造与销售示范系统．重庆大学硕士学位论文，2000.

[148] 但斌，刘飞，尹超．基于Internet/Intranet的陶瓷企业产品设计和经营管理研究．中国陶瓷，1999，35（4）：21－23.

[149] 陶桂宝，刘飞，王时龙．基于Internet的网络化制造集成技术．重庆大学学报，2001，24（1）：12－16.

[150] 尹超．区域性网络化制造系统及其产品协同开发技术研究与应用．重庆大学博士论文，2002.

[151] Minis I. Optimal Selection of Partners Selection in Agile Manufacturing. www. isr. umd. edu/labs/research. html.

[152] Kasilingam, Raja G Lee, Chee P. Selection of Vendors – A Mixed-integer Programming Approach. Computers & Industrial Engineering, 1996, 31 (10): 347－351.

[153] 顾新建，祁国宁，陈子辰．网络化制造的战略和方法．北京：高等教育出版社，2001.

[154] 顾新建，祁国宁，韩永生．中国制造业网络化的几种发展途径及比较．见：网络化制造与大规模定制学术会议论文集（9－15），2003.

[155] 于洁．基于XML的面向网络化制造平台的产品制造信息交换技术研究．浙江大学硕士论文，2002.

[156] 徐向宏．网络化制造的若干理论与方法研究．浙江大学博士论文，2001.

[157] Hinkle. C. L, P. J. Robinson, P. E. Green. Vendor Evaluation Using Cluster Analysis. Journal of Purchasing, 1996, 29 (8):

49 –58.

[158] T B Lee. Semantic Web Road Map. 1998: http: //www. w3. org/DesignIssues /Semantic. html.

[159] T B Lee. Weaving the Web. Orion Business Books, London, 1999.

[160] T B Lee, J Hendler, O Lassila. The Semantic Web. Scientific American, 2001 (5): 34 –43.

[161] T B Lee. XML and the Web. Presentation at XML World 2000, http: //www. w3. org/2000 /Talks /0906 – xmlweb – tbl /slide 9 –6. html.

[162] T B Lee. Semantic Web Architecture. http: //www. w3. org/2000/Talks/1206 – xml2k – tbl /slide10 –0. html.

[163] Barbarosoglu G, T Yazgac. An Application of the Analytic Hierarchy Process to the Supplier Selection Problem. Production and Inventory Management Journal, 1997, 38 (3): 14 –21.

[164] Weber. C. A, L. M. Ellram. Supplier Selection Using Multi-Objective Programming: A Decision Support Systems Approach. International Journal of Physical Distribution and Logistics Management, 1993, 23 (5): 3 –14.

[165] Petroni. A, M. Braglia. Vendor Selection Using Principal Component Analysis. The Journal of Supply Chain Management, 2000, 36 (2): 63 –69.

[166] Siying W, Zjinlong, L. Zhicheng. A Supplier – Selecting System Using a Neural Network. 1997 IEEE International Conference on the Intelligent Processing Systems. IEEE. New York. 1997, 40 (9): 468 –471.

[167] J Heflin. Towards the Semantic Web: Knowledge Representation in a Dynamic, Distributed Environment. Ph D Thesis, College Park, Maryland University, 2001.

[168] J Heflin, J Hendler. A portrait of the Semantic Web in Ac-

tion. IEEE. Intelligent Systems, 2001 (2): 54 -59.

[169] S Luke, J Heflin. SHOE1.01 Specification. http://www.cs.umd.edu/projects/plus/SHOE /spec.html.

[170] Ontobroker Project. http://ontobroker.aifb.uni - karlslvlfe.de/ index ob.html.

[171] On-To-Knowledge Project. http://www.ontoknowledge.org.

[172] Ontology Inference Layer. http://www.ontolrnowledge.org.

[173] U. D Fensel, et al. OIL: An Ontology Infrastructure for the Semantic Web. IEEE Intelligent Systems, 2001 (2): 38 -45.

[174] S Bechhofer, et al. An Informal Description of Standard OIL and Instance OIL. 2002: http://www.ontoknowledge.org/oil/downUoil - whitepaper.pdf.

[175] DARPA Agent Markup Language. http://www.daml.org.

[176] DAML Group. Reference Description of the DAML + OIL (March 2001) Ontology Markup Language, 2001. http://www.darnl:org/2001/03/reference.

[177] J Hendler, D L McGuinness. DARPA Agent Markup Language. IEEE Intelligent Systems, 2001 (6): 72 -73.

[178] W3C Web Service Activity. http://www.w3.org/2002/ws/.

[179] H Adams, D Gisolfi, J Snell, et al. Web服务的最佳实践. 2002: http://www - 900.ibm.com/developerWorks/cn/webservices/ws - bestlpartl/index.shtml#1.

[180] S A McIlraith, et al. Semantic Web Services. IEEE Intelligent Systems, 2001 (2): 46 -53.

[181] S A McIlraith, et al. Mobilizing the Semantic Web with DAML - Enabled Web Services. In Proc. of Sem Web' 2001, Hong Kong, China, 2001: 82 -87.

[182] J Peer. Bringing together Semantic Web and Web Services. In Proc. of the First International Semantic Web Conference, Sardinia, Italy, 2002: 279 -291.

[183] T Sollazzo, et al. Semantic Web Service Architecture – evolving Web Service Standards towards the Semantic Web. 2002: http://www.aifb.uni – karlsruhe.de/WBS/sst/Research /Publications/sub – flairs2002.pdf.

[184] DAML Services. http://www.daml.org/services/owl – s.

[185] T Sollazzo, et al. Semantic Web Service Architecture – evolving Web Service Standards owards the Semantic Web. 2002: http://www.aifb.uni – karlsruhe.de/WBS/sst/Research /Publications/sub – flairs2002.pdf.

[186] 陈宏钧．实用机械加工工艺手册．北京：机械工业出版社，2003.

[187] 封建湖，车刚明，聂玉峰．数值分析原理．北京：科学出版社，2001.

[188] 吴斌．群体智能中的研究及其在知识发现中应用．中国科学院计算技术研究所博士论文，2002.

[189] 石柯，高亮，张洁等．敏捷制造单元动态重构研究．机械科学与技术，2001，20（5）：654 – 656.

[190] Wu N Q, Mao N, Qian Y M. An Appraoch to Partner Selection in Agile Manufacturing. Journal of Intelligent Manufacturing, 1999, 10 (6): 519 – 529.

[191] 张佶，董超，吴新宇．用 AHP 和 LP 相结合方法解决供应商选择决策问题．中国流通经济，2001（2）：28 – 31.

[192] 霍佳震．企业评价创新——集成化供应链绩效及其评价．石家庄：河北人民出版社，2001.

[193] 马永军，蔡鹤皋，张曙．网络联盟企业中的设计伙伴选择方法．机械工程学报，2000，36（1）：15 – 19.

[194] 马鹏举，陈剑虹，卢秉恒．敏捷制造的盟员选择策略研究．中国机械工程，1999，10（10）：1176 – 1179.

[195] 马朝辉，何汉武，陈新，等．基于 ASP 的协作任务描述与异地资源配置研究．机床与液压，2003（6）：51 – 54.